U0141461

任性出版

當部屬無法依指令做事

「指示通り」ができない人たち

很努力卻沒照你說的執行、重複同樣的錯、忘東忘西、把建議當惡意、被客戶牽著走……

一步驟消除主管帶人困擾。

心理學博士、
MP人類科學研究所代表
榎本博明——著
蔡惠佳——譯

Contents

第四章 主管可以多做些什麼　201

推薦序一
如果只有一・〇的管理能力，就別怪部屬不聽指令

台積電「跨世代溝通」課程指定講師／李河泉

近年來我不斷談到，主管過去擁有的「管理能力一・〇」，已經不足以應付現在的世界。僅具備管理能力一・〇的主管，指的是只能管理聽話、配合、沒意見的員工。

有些主管很幸運，部屬都非常的乖巧、好相處，可惜也造成了主管的管理能力停滯不前。然而，當越來越多部屬不那麼聽話、不太想配合、意見很多

時，那麼主管該怎麼辦？

《當部屬無法依指令做事》的出版，為主管帶來了希望。這本書不僅探討部屬無法按照指令做事的根本原因，最重要的是針對主管困擾的問題，提供了解決方案。

首先，這本書利用雙方對話的方式，透過案例分析，讓讀者看見問題背後的多個面向。

其次，書中不僅提到管理技巧，也探究了溝通的藝術、心理學原理，以及組織文化的塑造。

再者，這樣多角度切入，使得每位閱讀本書的管理者，能從中找到切合自身情況的解決策略。

此外，作者在書中提出一個重要的觀點：管理不只是下達指令，更重要的是激發潛能以及建立信任。

這個看法相當正確。我補充一個重要的觀點：激勵是一種能力，而非權力。許多主管以為只要花錢請客，就可以激勵部屬，真的別鬧了。只有將管理能力提升到二・〇，才能促使部屬行動。

過去的主管，只想找到「對的員工」，然後叫這些人聽話配合，自然就能完成公司的目標，這就是權力型激勵。

如今的主管須學會能力型激勵，也就是無論遇到什麼樣的部屬，即使入職的時候「不太對」，也要引導他逐漸接受公司的做法。

而書中對於能力的部分，詳細的說明了認知能力、後設認知能力、非認知能力，讓主管知道如何針對部屬遇到的問題，協助他提升這三種能力。這個部分的內容也相當豐富，千萬不要錯過。

總結來說，真正有效的管理，是建立在深入了解部屬的基礎上，包括他們的工作風格、動機、期望，甚至是私人興趣。

只有深入了解部屬，才能做到因材施教，以更精準的解決問題，這也是本書強調的核心。

推薦序二

希望部屬變人才，主管要教、更要會教

《經理人月刊》總編輯／齊立文

翻開這本書之前，我理所當然的認為，這應該是一本職場帶人手冊——列出許多主管在工作現場與部屬互動時，會遇到的各種疑難雜症，並先求彼此理解，再提出相應的解決方法。

但坦白說，我快看完第一章的時候，最原始、直覺的反應居然是：「碰到這樣的員工，真的還要教嗎？真的教得會嗎？」在某些情境下，我想的就跟書裡也有提到的建議一樣：「要不要趁還在試用期，請對方離開就好？」

是什麼案例，讓我有時看了驚訝不已、有時看了哭笑不得？

舉例來說，有個員工工作沒做好，經營者教他正確做法，但他下次還是做錯。經營者問：「不是教過你了嗎？」結果他連經營者有教過他都忘了；甚至有員工是連客戶有打電話來、自己有接過電話都忘了。

再舉一例，不少主管經常苦惱於員工「說一動，才做一動」，不夠積極靈巧，但有位老闆竟然反問：「員工至少會按照指示做事，不是挺好的嗎？我底下有一個員工……不論怎麼提醒，都無法依指令做事。」

讀到這裡，或許你也想問：「什麼類型的員工都要設法補救、培訓嗎？」當然不是。

再仔細閱讀本書前三章，總共列舉出二十幾位主管的煩惱後，我發現，這些主管不是理盲濫情，而是他們都抱持著一種心態：**這個員工身上具備了某個難得的正面特質，因此，要是能修正其他問題或缺點就好了**。

「先看優點、改善弱點」，是我認為主管在帶人時，首先要具備的心態。因為如果只從缺陷的面向來看人，很容易就越看越不順眼，覺得乾脆請那個人離開就好。如此一來，不但缺乏培育人才的熱情，也可能錯失了讓員工化為團隊戰力的機會。

特別是在可見的未來，人口結構走向少子化、高齡化的趨勢下，任何組織「挑人」的餘裕只會日漸消失，「教人」的必要性則與日俱增。

這幾年來，關於職場上不同世代之間，出現溝通不良或觀念歧異的議題，日益受到重視。常見的破解方法，就是問Z世代是怎麼想的，再問前輩又有什麼看法，試圖透過換位思考，尋求彼此更多的理解與包容。

然而，主管和部屬「相看不順眼」的議題由來已久，想讓討論更深入、解法更有效，光是指責各自的言行，或拋出各自的立場和主張，已經過於表淺。我們需要的是，理解部屬「為什麼」這樣想、那樣做，主管再思考應對之道。

就像作者提到，有時候員工表現不好，不是故意，更不是惡意，而是他就是數學不好、邏輯不好；或從小在充滿鼓勵讚許的環境中成長，所以對於批評建議比較難以正面看待；甚至有些是無心升遷或社恐等。如果只是一味的給部屬貼上不聰明、說不得、情商低的標籤，大概只能眼睜睜看著員工一個個離職了。

主管要教，更要會教。作者提出三個教部屬改善自我的方向，我簡單歸納就是：閱讀、覺察和培養情商。閱讀，有助於提升理解力和邏輯力；自我覺察可以檢視自己哪裡出了問題，思考改進之道；培養情商，有助於打造韌性，緩和心裡受挫的情緒。

本書收錄了大量對話，作者像是扮演諮商心理師的角色，陪伴多位企業經營者和主管，慢慢的抽絲剝繭，發掘出部屬「無法依指令做事」的深層原因。最重要的是，分析過程中不輕易下結論，武斷判定部屬有問題；做出結論時，也不會犯下確認偏誤（書中有提到），只尋找對主管有利的證據。

主管千萬別忘了，自己再怎麼強，也無法一人成就事業。與其花時間煩惱員工不好帶，不如把吐苦水的時間和力氣拿來讀這本書，帶部屬和團隊一起變強。

推薦序三

把人帶好很難，但不代表做不到

湧動教練學校創辦人、《複利領導》作者／賴婷婷

很多主管有一朝被蛇咬，十年怕草繩的心結，過去認真的培養新人，好不容易教上手了，夥伴就離職或被挖走，幾次之後，覺得掏心掏肺太奢侈，採取大家維持各取所需的關係就好的態度，因為不期不待，就沒有傷害。

這也並非錯誤，畢竟人性本能會選擇讓自己比較舒服的方式，應對環境與生活中的各種事件。但主管也可以培養彈性思維——如果擁有好幾種不同的處理模式或能力，就能不被某種特定情境或行為綁架，為自己創造出緩衝

空間與餘裕。

就像有個撲克牌遊戲叫「大老二」，當你拿到二，你不必第一輪就出牌，而是先保有這張牌，並靈活且自信的思考牌局，然後當需要的時候，你會有牌可出，讓自己取得比較有利的位置。

這本書列舉的大量案例，都是真實會發生在職場的情境，一些看起來微不足道的不順利、不舒服，日積月累下來會造成工作效率與人際互動的傷害。書中提到的許多概念與論述，都讓我有心領神會的感覺。

我授課時會分享一個做法：以「總結」取代「檢討」，這適用於自己與他人。因為我們從小到大的語言使用習慣，總感覺「檢討」帶著負面、壓力的感受，對話焦點放在過去；而「總結」除了檢視應該避免的無效區，也利於複製有效區，看過去、也看未來，這是書中提到的後設認知的一種應用。

此外，我在教練會談的過程中，常聽到「大道理我都明白，但情緒過不去」的困窘。我們的能量或能力，在被情緒干擾時的確難以充分發揮，書中提供了四種方法幫助我們管理情緒，學習這個重要的基本功。

還有，主管應協助部屬「以正面心態接受負面結果」，我也非常認同。我在企業中進行績效管理練功坊時，很多主管對一個觀念很有感，那就是「人是人，問題是問題，人不是問題。信任一個人，與信任一個人的能力，是可以分開的」。這樣的分享提醒了很多主管，糾正一個人不等於否定這個人。

領導力是一個永無止境的學習，沒有奇蹟，只有累積，困難多，但喜悅更多，願我們一起在這條路上共學共創。

前言
你的以為、部屬的以為

現在，許多管理階層被要求建立高績效的團隊、交出更進一步的成果。從這個角度來看，無論如何最令人在意的，就是職場上無法做出成績的員工。因此主管必須因材施教，透過教育訓練，設法讓部屬成為人才。

然而，如果部屬是至今以來沒有遇過的類型，主管便會不知所措。我和許多主管討論過這個問題，發現有不少人表示，**部屬總會做出超乎自己想像的行動，完全不知道他為什麼會這麼做、心裡怎麼想**，對於該如何應對感到煩惱。

首先，在討論這些部屬前，我想分享一些關於主管帶人的真實心聲，讓你了解他們遇到的困境：

・「為什麼有人**明明有實力且確實能交出成果、客戶評價也不錯，卻沒有自信、容易感到不安**，稍微不順利就會自我厭惡；反之，有人充滿幹勁卻**做不出成績，客戶評價也不怎麼樣，但不知為何總是自信滿滿、從來不懂得反省**。我感嘆為什麼會這樣、感到不可思議的同時，也不知道該怎麼應對，覺得相當棘手。」

・「剛開始從他身上感受到積極的態度，所以抱有很大的期待。但實際分配工作給他後，發現事情沒那麼順利，總覺得他沒在思考如何有條理的工作，只是空有幹勁。」

・「從平常跟同事互動的樣子來看，他不像是難相處的人，與客戶之間卻經常發生糾紛。詢問後他的答覆是：『因為客戶總是提出奇怪的問題。』有一次我從中協調，聽了兩方的說法，才發現原來**他沒能理解客戶說的話。看來是他理解力不足。**」

- 「他非常認真學習，也會自我激勵，但沒辦法吸收工作上必要的知識，所以我沒辦法把工作交辦給他。為什麼會這樣？我只能推測問題跟他的學習方式有關。」
- 「他偶爾會積極提問，也能感受到他想趕快熟悉工作，但不論我教幾次，他還是不斷犯下相同的失誤，無法改善做事方式。」
- 「感覺他的個性還不錯，同事也很喜歡他，但客戶對他的印象很差。向客戶打聽後才知道，他常忘記或搞錯約好的日期。例如，明明約三天後見面，卻過了兩天就拜訪客戶；或約三週後碰面，最後卻提前一週出現，令人困擾。後來我跟本人確認，發現他經常算錯天數。」
- 「他非常積極，工作態度也獲得很高的評價，但看起來和同事相處得不太好。我擔心是否發生霸凌事件，調查後才知道，他工作時用了很多錯誤的方式，**同事想教他正確的做法，但就算說明再仔細，他似乎仍搞不懂，也不會開口詢問。**」
- 「我當初看重他的溝通能力才決定錄用他，他也很快速的融入職場，讓我曾認為這是個正確的決定。原本期待他面對客戶時也能得體應對，但完全是失算。他有時會跟客戶起爭執，所以我經常收到關於他的客訴。我打聽實際狀況後才知道，他無法理解客戶的要求或說明。」

・「他跟我說前輩故意不教他，我想了解到底是怎麼一回事，於是直接問他說的那位前輩，前輩回覆：『我教他好幾次了！但不管我教幾次，他好像都記不起來，一直問我一樣的問題。**我跟他說之前就教過了，他卻說沒學過**。不知道是他笨還是有被害妄想症，很令人困擾。』聽那位前輩這麼說，我也很困擾。」

・「一般來說，新人通常是藉由一邊學習，一邊工作，逐漸的學會怎麼做。但新人好不容易已經學會怎麼做，卻又突然忘了。最初我從簡單好學的教起，他還可以跟得上，但當我開始教他複雜的事時，他腦中變得一片混亂，甚至連之前學會的工作都忘記了。我很煩惱該如何指導他。」

・「他的記憶力不好，很容易忘東忘西，以至於我不敢把工作交辦給他。像是我之前聽說客戶打電話給他，所以我問他：『昨天的事討論得如何？』

他反問我：『哪件事？』於是我說：『就是你跟我說昨天客戶要打電話跟你討論的事。』他居然一臉正經的回我：『你說的不是我。』我該怎麼指導他？真的很傷腦筋。」

•「我聽到新人以錯誤的方式向客戶說明，於是我問他：『你不能隨便介紹，是誰教你的？』他回：『沒有人教我這麼說……。』我接著問：『你擅自亂說話會造成麻煩，為什麼要那麼說？』他卻回：『因為我總覺得就是這樣……。』真搞不懂他到底在想什麼。」

•「為了讓新人快速熟悉工作，如果看到他的工作方式有誤，或做事效率不太理想，通常不是會糾正或給建議嗎？因為不這麼做的話，他就不會成長。可是，每當我指出問題時，他馬上就表現出失去幹勁的樣子。明明沒必要這麼失落，只要改正就好。甚至有時候我會擔心，會不會被不知情的人誤會我在霸凌他，還認真想過是不是該放棄栽培他了。」

•「因為他的錯誤率實在太高，所以我很親切的提醒他：『完成一件工作後，記得回頭確認自己有沒有做錯。』他卻擺起臭臉回我：『你現在是在對我說教嗎？請你不要用高傲的姿態對我說話。』希望他能冷靜接受別人的建議。」

- 「他很認真也很聰明，但不擅長與人互動，即使對商品資訊非常熟悉、都已經記在腦海裡，卻說自己不適合當業務、沒有自信。因為他不善於和人聊天，所以光是想到要跟客戶交談就會變得很不安。這讓我很煩惱，不知道該如何安撫他的心情。」

雖然有各式各樣的案例，但從中可以感受到，主管相信部屬理所當然的知道該怎麼工作，因此發生問題時，如果主管的建議沒有被吸收或採納，會認為部屬一定有什麼誤解。所以主管為了讓他了解，又再更仔細的講解做事方法，但不論說明得再簡單，他也無法領悟。

這是因為**主管有以下幾點誤會**。

首先，**以為每個人都理解做事的道理**，也就是認為每個人都以邏輯思考。

然而，根據不同的立場與理解程度，判斷事情的狀況也有所不同。有人真的無法理解做事的道理，以及在腦中有邏輯的整理思緒。

不覺得這種人意外的很多嗎？與其說是他誤解，不如說是因為他平時沒有訓練邏輯能力，所以無法理解主管在說什麼。此時，就算你糾正他的錯誤、說明做事的根據與理由，只要他無法理解做事的道理，或許在你眼裡，他一直是找碴的存在。

第二，**認為每個人會理智的按照邏輯，來判斷該怎麼行動。**

這世上除了有能保持冷靜的人，也有人經常依照當下的心情做事。而且比起理性判斷，容易受情緒影響的人還比較多。要求他人冷靜的聽你說明前，只要他的心情尚未平復，就會拒絕聽你講道理。不論你再怎麼溫柔的說明，只要對方的心情還沒平靜下來、不想了解做事的方式，就不可能會明白你想說的是什麼。

第三，**覺得直接把自己想講的話跟對方說，對方就能聽懂。**

由於每個人腦中擁有的詞彙量和知識量不同，所以思考方式也不一樣，例如，有閱讀習慣的人和完全沒在看書的人，他們知道的詞彙量不能畫上等號。因此，即使你使用的詞彙並非專有名詞，而是日常生活中能聽到的用詞，對方也不一定能聽懂你說的話。

所謂的道理是由文字組合而成，我們也是藉由文字思考，所以一旦你和他人具備的詞彙量相差太多，當然沒辦法溝通。知識也是一樣，擁有的知識量不同，腦中也會建構出不同的世界觀。若沒有先意識到這點，再怎麼對說明方式下功夫，也無法傳達給對方。

第四，**認為對方會記得過去做過的事或說過的話**。

不同的人，其記憶力也有差別。像是在每個家庭裡，多多少少也曾發生「某個人認為說過某件事，但另一個人沒印象」的糾紛，你在日常生活中應該也遇過。

因此，就算你想和部屬談論過去發生過的事或已經說過的話，但他對此一頭霧水，那也沒有辦法。因為對方沒有印象，說不通也是理所當然的。

最後，**認定每個人都會在有確實的根據下說明或行動**。

然而，也有人想到什麼就做什麼。你或許會認為在職場上不存在這樣的員工，但對於沒有習慣回頭思考自己做事動機的人來說，這種行為極有可能發生。

前述的問題，都與以下這三種能力有關：認知能力、後設認知能力（Metacognition，指個人對自己的認知過程，可以掌握、控制、支配、監督與評鑑的能力）、非認知能力（按：學科知識以外的能力，如情緒、自律、性格特質等），接下來我會分別在各章中解釋。在第四章，我也會再統整關於這三種能力的說明。

請讀者先透過具體的例子，一起思考職場上令人傷腦筋的部屬有什麼問題，以及該如何解決這些問題。

第一章

當部屬沒有按照指令做事

1 不是聽不懂，而是記不住

有位主管因為部屬一直無法按照指示工作，因此感到煩惱。以下是我和那名主管的對話：

主管：「有好幾次我拜託他做某件事，他卻沒做到。如果他本來就是做事潦草的人，那也就算了。但他的個性認真，卻沒辦法完成指示，真讓人傷腦筋。」

我：「你覺得他並非工作敷衍或偷懶，卻沒辦法按照指示做事嗎？」

主管：「對呀！他聽不懂我的指示。」

我：「具體來說，之前發生過什麼情況？」

主管：「有一次，我請他把客戶的資料輸入到電腦後放進碎紙機。過幾分鐘後，我稍微瞄一下他在做什麼，結果看到他直接把客戶的資料塞進碎紙機，於是我急忙阻止他，跟他說：『我不是說要先把資料輸入到電腦嗎？』他回：『是的，我很抱歉。』他還懂得道歉、看似有在反省，但類似的狀況仍然不斷發生。」

我：「這可麻煩了。」

主管：「還有一次，其他部門委託我們處理一項作業。因為不會很困難，應該花不到一個小時就可以完成，所以我交辦給他處理，請他完成後把資料交給那個部門。我當下有其他事情要忙，差不多有半天的時間不在座位上，然而當我下午回到辦公室後，那個部門打電話詢問，他們還沒拿到資料，那項作業需要花那麼久的時間嗎？」

我：「他還沒拿過去嗎？」

主管：「對，我以為他早就交了。他回我那份作業早就完成了，可是我沒跟他說要交給那個部門。跟他爭論有說還是沒說也不是辦法，所以我重新下指示請他拿過去。但類似的事情也一而再，再而三發生。」

我：「也就是說你下的指令，**他沒有好好記在腦海裡**。」

主管：「沒錯。我跟其他同事提到這件事，同事說既然他這麼難帶，就趁試用期請他離職。不過我看得出來他工作認真，總覺得應該有辦法改善這類問題。」

我：「既然看得出來他做事認真，就很難狠下心來請他離開。」

主管：「從他平常的工作態度來看，不會覺得他做事馬虎。當我糾正他的錯誤時，他會老老實實的道歉；當我下指令時，也**感受得出來他有在認真聽，不過實際狀況卻是沒有聽進去**。」

我：「也就是說他看起來有認真在聽，指示卻沒有確實的傳達給他。」

主管：「對。之前也曾發生過這件事：我請他整理文件，將文件內容分為A、B、C。只要仔細閱讀文件，就能輕鬆做到。但他做不到，甚至還哭了。我看了他分類到一半的資料，可說是亂七八糟。」

我：「他閱讀文件後，還是不知道怎麼分類嗎？」

主管：「是的。如果他不是個性認真的人，我或許還會教訓他，可是我怎麼看都覺得他不是會隨便做事的人。若是罵他反而覺得他有點可憐，但又不能就此不管。」

我：「沒錯，一定要改善。」

主管：「該如何是好？以他的能力來說，做行政工作是不是很困難？」

我：「雖然他的能力有問題，但沒嚴重到須要求對方離職的地步。」

主管：「那可以怎麼改善？」

我：「聽了你的敘述，我覺得跟兩個問題有關。」

主管：「只要解決這兩個問題，他的工作能力應該就會提升，對嗎？」

我：「沒錯，我是這麼認為的。首先，第一個問題是**同時下達許多指令，導致他很難理解**。」

主管：「具體來說，是指什麼？」

我：「以你剛剛描述的事件來說，你指示部屬輸入客戶的資料、輸入完成後把資料放進碎紙機，這就算是兩個指令。而另一個事件當中，你請他完成資料後，交給另一個部門，也算是兩個指令。」

主管：「我以為這算是一個指令，但聽你這麼一說，才發現我確實下達多個指令給他。可是對一般人來說，這種程度的指示應該可以輕易消化，不是嗎？」

我：「對多數人來說是這樣沒有錯，但從前述的案例來看，他在這些情況下無法順利理解。為了避免讓他的思緒更混亂，應該把指令分成兩個，讓他先集中精神，一次處理一個指令比較好。」

主管：「可是我也很忙，要是只請他一次做一件事，我也很難隨時跟在他身後下達下一個指令。實際上該如何順利進行，還是很令人困擾。」

我：「你說的沒錯，所以得多花一點心思才行。關於這點，我後面會再說明。此外，他還有另外一個問題：**缺乏讀解力**（Reading Comprehension，理解文章的能力）。也就是他沒辦法閱讀文件後，根據內容再分類。這也代表他無法理解文章中的敘述。一旦缺乏讀解力，不僅影響到當事人閱讀文章，也難以正確理解他人說的話，這也是造成指示無法確實傳達的關鍵之一。」

主管：「原來如此，也就是說因為缺乏讀解力，所以無法讀懂資料，更沒辦法聽懂指示。」

我：「沒有錯。想解決問題，就必須訓練他的讀解力。」

接下來，我會針對主管一次下達多個指令，使部屬無法確實理解，以及部屬缺乏讀解力，所以沒辦法看懂文章或聽懂他人說的話——這兩個問題來說明，並提供值得一試的解決方法。

首先，關於如何避免下達多個指令，以下提供這個建議：為了讓部屬集中精神、安心的完成一個作業，**先將下一個指示寫在紙上後交給部屬**。

以前面的例子來說，先在便條紙上寫下「輸入客戶資料↓輸入完後放進碎紙機」，再把便條紙交給部屬，並先請他集中注意力把客戶資料輸入電腦裡。如果是第二個案例，就在紙上寫「（該完成的作業內容）↓完成後把資料拿給○○部門（或以電子郵件的方式，將檔案寄給○○部門）」，並把這張紙交給部屬，請他先專心完成資料，再進行後續作業。

這與是否具備工作能力無關，**關鍵是讓部屬記住如何按照正確的流程做**

事，以完成主管下達的任務。只要能改善這點，便能期待他之後工作順利。

另一個問題是，由於讀解力不足，所以無法確實掌握資料內容、聽懂他人說的話。

其實，部屬不按照指示行動等問題背後的因素，大都和讀解力有關。並非是他故意無視主管，或刻意想反抗、擅自行動等，單純只是他無法理解，搞不清楚自己應該怎麼做。

想改善讀解力不足的問題，並沒有能立刻解決的特效藥，**藉由閱讀才可以一步步扎實的提升讀解力**。

我會在接下來的篇章更詳細的說明。

2 經常和客戶起衝突

在各種職場上都會遇到麻煩製造者，且多數跟溝通能力有很大的關係。沒有辦法掌握與他人之間的相處方式，就會引發問題。

有位主管就有像前述讓人棘手的部屬，以下是我和他的對話：

主管：「我有一個部屬很常和客戶起衝突。之前同事跟我說：『他又和客戶吵架了，於是我從中調解。每次都很好奇他到底為什麼這麼容易和人起衝突，每當發生狀況時，現場氛圍就會變得很差，真是令人困擾。』聽他這麼一說，我認為這可不能不管，於是問了本人。」

我：「你確認他為了什麼事情而起爭執嗎？」

主管：「對。他說是因為客戶提出無理的要求。他跟客戶說沒有辦法配合，客戶則說沒有這種事，認定行得通，讓他覺得客戶怎麼都無法理解。他只能不斷強調沒有辦法、行不通，結果客戶對他怒吼『怎麼一點小事都無法通融』，他說客戶根本是奧客。」

我：「真的是奧客嗎？」

主管：「只聽他的說法，還是無法理解狀況，所以我去問了當時協調的同事。同事說客戶並沒有提出無理的要求，如果一開始是同事接待的話，就能順利應對，但因為已經造成客戶的心情不愉快，在跟客戶說明的途中，客戶就回去了。」

我：「比起客戶的問題，或許比較像是他應對的方式有問題？」

主管：「看起來是這樣。我從不少人那聽說，那位客戶是常客，偶爾會來店裡，而且每個人都說客戶的態度一點也不強硬，也不是奧客，平常態度親切、很健談。但好像只有在那位部屬服務時會起爭執，果然只能認定是他有問題。」

我：「原來是這麼一回事。話說回來，他說是因為客戶提無理的要求，所以他也強硬的回說做不到，結果卻惹客戶生氣，那麼具體來說，到底是為了什麼起爭執？有試著跟本人確認詳細的狀況了嗎？」

主管：「我當然有確認。他說客戶要求到很誇張的地步，就算他拒絕，客戶也無法諒解，滔滔不絕的說客戶沒有常識、是奧客，控訴對方的不是。但就像其他同事說的一樣，我也覺得那並非是無理的要求，應該可以配合客戶、輕而易舉的解決才對，為什麼他會如此激動的抗拒，我非常難以理解。」

我：「客戶也沒有提出不講理的要求，明明能提供符合客戶請求的服務，可是因為他堅持拒絕，導致客戶生氣，就造成了衝突，對嗎？」

主管：「沒錯。所以我勸告他，客戶沒有提出過分的要求，如果客戶希望怎麼做，就必須靈活的應對。」

我：「你有好好的跟他說明情況，並給他忠告。感覺他是否不擅長應對突發狀況？」

主管：「你這麼一說，他確實有這樣的感覺。**如果情況是按照一般待客流程發展，他就能淡然的處理；如果突然要他面對意料之外的要求或問題，**

他就像被逼得走投無路的樣子，一旦對方要求更多，他便會突然反抗。我一開始就向他叮嚀，即使你覺得客戶提出了無理的要求，也不要驚慌、暴躁，冷靜下來聽客戶說。」

我：「但就算如此，他仍然經常跟客戶發生衝突嗎？」

主管：「對啊。他在店裡跟客戶起衝突就挺困擾了，但他甚至跟有來往的廠商也會發生類似的狀況。前幾天也有廠商打電話來，怒罵我到底是怎麼教育員工，我只能感到很抱歉，一直向對方賠不是。」

我：「這真是令人困擾。也跟客戶的情況一樣，他沒辦法理解廠商的要求嗎？」

主管：「我覺得是這樣沒錯。我去問他發生了什麼事，他說廠商提了莫名其妙的要求，因此他很慎重的告訴對方：『因為我聽不懂您在說什麼，所以能不能稍微把話說的讓人聽得懂一點。』結果對方生起氣來，他也很困擾。不過根據當時也在附近的同事轉述，廠商說的話很好懂，是他的理解能力太差。我也聽了廠商的說法，確認了對方沒有提出令人為難的事。」

我：「所以是他的理解能力有問題？」
主管：「我只能這麼認為。該怎麼辦才好？」

我認為這個情況，也跟上一節的內容一樣，是讀解力不足的問題。我還會更進一步的說明，如何養成站在他人角度思考的習慣。

如果你跟他人產生和溝通有關的糾紛，內心或許會有以下幾個疑問：「為何對方要反駁我？他有什麼不滿嗎？」、「為什麼他要說讓人為難的話？我有說什麼讓他生氣的事嗎？」、「他為何會發脾氣？我是被討厭了嗎？」

如果想了又想，還是沒有想起造成對方不愉快的原因，那麼單純是對方無法理解你說的話，只是你想表達的內容沒有好好傳達而已，對方並非有什麼不滿、故意說討人厭的話，你也沒有被討厭。

因為對方的讀解力不夠，所以聽不懂你在說什麼，才會有奇怪的反應；明明你提出正當的要求，但對方沒辦法確實理解你想表達什麼，開始說莫名其妙的話，於是你覺得對方發起脾氣來，就像是在找碴一樣。即使對方並不想投訴，你卻以為被投訴了。

就像我在前面說明的一樣，以這個案例來看，部屬必須加強讀解力。他只能透過閱讀來磨練，也可以利用國文參考書練習閱讀文章。主管可以建議他多看書，或幫他安排讀書或文章賞析等研修的時間。

前述的方法除了可以提升他的國語能力，也能有效的促進他獲取觀點。獲取觀點是指，藉由他人的角度來自我吸收。

無法理解對方的說法或溝通上的糾紛不斷發生的原因，都是因為沒有妥善獲取觀點。也就是無法站在對方的角度想像、思考，只想到自己，於是無法取得共識、引發紛爭。

不論是誰，從小都以自己為中心來思考。智力發展不只與增加詞彙量或學習文法結構有關，也涉及整體認知的發展。其中，最重要的是脫離自我中心的心態。

瑞士心理學家尚．皮亞傑（Jean Piaget）提出，兩歲到七歲的兒童其思維特徵是以自我為中心，接下來他要面臨的課題是克服自我中心。皮亞傑所謂的自我中心是指只考量自己，難以站在他人的角度看待事情。

為了加以證明這個年齡層的自我中心主義，皮亞傑設計了**三山實驗**（The Three Mountains Task）。

他將三座不同高度的小山模型前後排列，並讓受試者觀察。例如，從正前方來看，靠近右手邊後面的小山高度會最高、左手邊的小山第二高、右手邊前面的小山最矮。如果不是從正前方觀察這個模型，而是從右側、左側、對面來察看，呈現的視角也有所不同。

但兩歲到七歲的兒童無法理解這個概念。皮亞傑再準備了從正前方、右側、對面、左側拍攝小山的照片，並問受試者從右側看這三座小山模型的話，會是哪一張照片？他們會選與自己的視角相同的照片。

從此實驗可以得出結論：兩歲到七歲的兒童無法取得自己以外的視角，思考模式無法脫離自己的觀點。

唯有擺脫自我中心主義，才能提升認知能力，並影響溝通能力的發展。對他人的心情產生共鳴、想像對方的立場，才能理解對方想表達的含意。

然而，有些人就算長大成人，還是無法從自我中心主義解脫。他只能以自己的角度看待事情，無法發揮想像力以他人的角度思考，固然無法理解他人的說法。

改善這個問題的最有效方法就是閱讀書籍，以接觸到與自己不同的看法，像是作者的見解或書裡人物視角。如此一來，才能吸收到自己以外的想法。

3 老是忘東忘西

忘記客戶說了什麼，或接到客戶打來的預約電話，卻忘了把時間標記在行程表上，導致沒有為客戶保留時間，就會影響到工作。

另一方面，對於曾交談過的人，若能記得「我和那個人聊過什麼樣的話題」、「那位客戶很喜歡點這樣的料理」等，在公司內部的人際關係、和客戶之間的關係想必一定很順暢。如果沒有類似的記憶，就會進行沒有人情味的對話，讓對方認為：「他根本不記得我。」無法拉近心理之間的距離。

有關記憶力的問題，不論在工作上，還是人際關係之間，都會帶來影響。以下是一位經營者，談論關於員工記憶力不好，而帶給公司困擾的故事：

經營者：「我的公司裡一位記憶力很差的女員工，她真的很令人傷腦筋。

她的記憶力差到幾乎會給公司帶來麻煩的程度。我和經營夥伴談起這件事，夥伴說趁那位員工還在試用期，請她自己走人就好。但她也有優點：她的個性很好，尤其是待人處事的態度得體、面對客戶的方式不失禮。我認為她的優點能作為公司戰力好好活用。

我：「撇除記憶力不好這點，她待人處事很得體，能成為公司珍貴的戰力，對嗎？」

經營者：「對。可是她工作錯誤率太高，而且大都跟記憶力問題有關，甚至還因此引起客訴。」

我：「具體來說，發生過什麼事？」

經營者：「經常發生的是有事她不會主動通知其他同事，或客戶打來預約電話，卻沒有告訴大家。」

我：「她經常不告知其他同事嗎？」

經營者：「是的。例如客戶打電話來，由她負責應對，她明明已經和客戶約好開會時間，而客戶在預約的那一天來公司時，卻發現根本沒登記。如果是常客的話，因為對她抱有好印象，即便是透過電話溝通，也能感受到她態度很好，所以一旦發生問題，幾乎不會認為是她的錯誤，反而以為是別的員工忘記登記。」

我：「她給人的印象這麼好啊！」

經營者：「是呀！結果總是不相關的員工先鄭重的向客戶道歉，但內心感到不平衡，認為不是自己的錯。明明接到電話的人可以直接登記，這很明顯就是記憶力不好的女員工的問題。」

我：「原來如此，這的確很令人困擾。」

經營者：「就是呀！剛開始同事可能還稍微吃驚，覺得她真是少根筋，笑笑的就過去了。但後來她犯的錯變得更加嚴重，其他人都對此感到火大，導致職場的氣氛有點尷尬，卻無可奈何。」

我：「那麼這個時候，那位女員工有什麼反應？」

經營者：「說到這真的令人困擾，她居然說不記得自己有接過電話。類似的事一再發生，連客戶都指認是她接電話，她只好不得不承認是自己接電話，甚至還說：『大概是我不小心疏忽了。』可是不論我們怎麼叮嚀，她還是沒有改善。真的很傷腦筋。其他同事也很積極的想協助她解決問題。」

我：「舉例來說，同事幫了她什麼忙？」

經營者：「因為她立刻就會忘記的關係，她周遭的前輩、同事會在她掛電話後，提醒她趕快登記。根據同事的說法，她有時候會立刻登記，但她經常是掛電話後不馬上登記，真不知道她在想什麼。

「當同事看到她掛電話後到處翻文件，便催她趕快登記，她會說：『登記什麼？』同事回：『妳剛剛接的電話，如果是客戶打來預約開會就趕快登記時間。如果不是的話，就把要件備註起來。』結果她卻回：『我剛剛沒接到電話。』同事聽她這麼說都嚇到啞口無言，記憶力差到可說是相當嚴重。」

我：「不只忘記電話裡的內容，她連有接過電話都忘記了。」

經營者：「對，明明才過沒多久，甚至是接過電話都會忘記。本人表示沒印象，感覺也不是惡作劇，我對這件事震驚到目瞪口呆，非常困擾。」

我：「原來是這樣，這也影響了工作。」

經營者：「最近也有講話比較直接的年輕人，讓客戶留下不好的印象，或惹客戶不開心，相較之下她能帶給客戶好印象，對公司來說是珍貴的存在。所以我想著只要能改善她的記憶力，一切就好了……。」

針對這個故事的主角，可以整理出兩個問題：一個是她無法好好的保留記憶；另一個則是能稍微暫存記憶，但沒辦法永久留存。她有可能是這兩個當中的其中一個問題，也有可能這兩個問題皆具備。不論是哪一個，只要妥善應對，便能期待問題改善。

針對第一個問題，必須對如何保留記憶下點功夫。

和他人聊完天後，試著回想一下，卻發現當時明明有打算把聽到的內容記起來，可是卻幾乎都忘記了——你是否也發生過類似的事？一旦漫不經心，對方說過的話就不會留在腦海裡。

在學校上課時也一樣，不知何時開始突然心不在焉，聽得到老師在說話，但總對幾個地方的內容沒有留下印象，想必大家應該都有類似的經驗。

從這點可以知道，即使耳朵聽得見，未必代表會留下印象，你得確實的集中注意力、仔細聆聽才會留下記憶。

有些人沒辦法牢記的原因，**可能是因為心不在焉、無法集中精神的聆聽**，而關鍵是改善傾聽方式。

本來注意力不集中的人，一旦感到疲累，就難以聚精會神；或不知不覺就在腦海中想著其他事，對於眼前發生的事漫不經心。

對於容易忘記他人說話內容的人，我們在向他分享前述知識的同時，也要建議他不論被什麼問題卡住，如果還在工作，就要趕緊切換心情，專注於眼前的事；聽他人說話時也不要心不在焉，應集中注意力。

至於第二點問題，則是須針對難以維持記憶力找出解決的方法。

例如在聽他人說話時，確實可以理解他人要傳達的內容，也有記在腦海裡，但之後因為要處理各種事，忙得不可開交，而因為要專心面對眼前的事，以至於幾個小時前聽到的內容，早就從大腦中消失了。

此時，有人可以藉由問自己：「話說回來，剛剛好像被委託做某件事？」

來喚起記憶，但對於記憶力差的人來說，無論怎麼回顧，還是想不起來。

如果對方是同事，那麼能在做好失禮的覺悟下，問：「不好意思，我不小心忘記您剛剛跟我說的內容。真的很抱歉，能再麻煩您再說一次嗎？」重新了解狀況。但如果是透過電話溝通，對方是一般客戶或有來往的廠商，應該很難如此說明，因為有可能會失去信用。

因此，為了防止記憶力不好的部屬發生類似的錯誤，**得事前指示他隨時做筆記**。記在電腦裡也可以，但要是碰上沒電的情況就沒辦法即時確認，也有可能操作錯誤，不小心把內容刪掉，所以考量前述的情況，最好是記在紙上，就能避開這些風險。

不過記憶力不差的人，記憶也會在不知不覺中產生變化。你或許曾驚訝的發現，和朋友討論一起旅行的回憶、學生時期印象深刻的小插曲時，每個人記得的內容多少有出入。

無論如何，記憶就是如此容易受影響，所以一旦忘記或記錯了就會很麻煩。因此，為了記住工作上重要的事，必須藉由其他工具來輔助。

4 不會臨機應變

只要冷靜應對，許多問題都能妥善處理——但某間公司的主管相當煩惱，因為他有一位容易大驚小怪的部屬：

主管：「她平常也並非不能沉著冷靜，不如說我覺得她是穩重的人，但該怎麼說，她給人心情上沒有餘裕的感覺嗎？發生一點小事就會很慌張。」

我：「舉例來說，發生過什麼事？」

主管：「她主要的工作是接待客人。她在服務一位客人時，如果突然有另一個人出聲詢問，她會語帶強硬的表示：『很抱歉，我現在正在服務其他客人。』像這樣營造出咄咄逼人的氛圍。」

我：「但這種情況下，的確只能請另一位客人稍等。你指的是她的講法，給人咄咄逼人的感覺嗎？」

主管：「她的講法也有問題，假設她正在服務某位客人，此時有其他人詢問廁所在哪裡，打斷了他們的談話，但其實只要花幾秒跟對方說明廁所的位置，她卻沒辦法應付；還有一次有位客人拿著衣服問她：『這件衣服的尺寸標示在哪裡？』她也會說因為正在服務其他客人，所以不能回應。但她其實可以暫停談話，回答衣服的標籤在哪裡。」

我：「原來是這麼一回事。」

主管：「她沒辦法臨機應變，這最讓我感到困擾。」

我：「關於剛剛你提到的例子，你有建議過她只要簡單的回應客人，稍微中斷一下也沒關係嗎？」

主管：「當然有，每次有同事跟我反應類似的事時，我就會給她忠告，不如說是建議她，但她從來沒有聽進去，甚至變得更嚴重。」

我：「變得更嚴重？」

主管：「對呀！她之前曾因為在服務某個客人時，另一位客人突然搭話，導致她對搭話的客人大吼：『我現在正在服務其他客人！』結果也惹得搭話的客人不開心，為了安撫生氣的客人，我們可辛苦了。」

我：「會不會是因為她覺得必須同時應對兩位客人，所以才感到慌張？」

主管：「原來是這樣嗎？」

我：「多數人能同時思考兩件以上的事，但如果**工作記憶**（Working Memory，詳見本篇後面說明）**的容量不足**，就難以做到。不只是接待客人，她使用電腦輸入資料時，是否也會因為聽到周遭說話的聲音，就沒辦法集中精神工作？」

主管：「是的，她有過這個情況。像是她正在使用電腦輸入業績等資料時，如果其他同事在她附近閒聊的話，她會突然怒吼：『請安靜一點！』我曾目睹過，也嚇了一大跳。她平常是個安靜穩重的人，我想大家看到她這樣的反應，也相當驚訝。」

我：「這可能是因為『容量塞得太滿』了。」

主管：「請問這是什麼意思？」

我：「你以前是學生時，是否也有過類似的經驗？在家寫作業、預習或複習課本時，有人在看電視或家人在一旁聊天，結果你因為太在意電視或家人說話的內容，反而無法集中精神？」

主管：「這很常發生。」

我：「明明打算讀書，卻發現自己在不知不覺中，一直在聽電視聲或家人傳來的說話聲，完全無法吸收教科書裡寫了什麼。」

主管：「我的確有好幾次這樣的經驗，但這跟前述的事情有關係嗎？」

我：「有。我認為工作記憶容量較小的人，經常會發生這類的事。關於這點我會在後面說明。那位員工還有其他令人在意的事嗎？」

主管：「我想想……其實不只是那位女部屬，許多員工也會發生類似的事：除了接待客人的工作以外，因為有可能會被調到其他部門，所以作為訓練的一部分，敝公司會請員工針對門市現場待客的實際狀況或會遇到的問題，對其他部門的員工說明，類似做簡報。

「此時，如果員工一邊看著事先準備好的演講稿，一邊看著簡報的圖解來說明，都可以順利完成。但在說明結束後進入問答時間，有的員工會表現得非常慌張，彷彿跟剛剛是不同人。明明只要冷靜下來思考就能簡單回答，卻因為太過於慌張，沒辦法好好回答。」

我：「雖然可以參考事前準備好的演講稿說明，但一旦在現場被提問，就會變得很慌張，無論是再怎麼樣簡單的問題，都沒辦法好好應對嗎？」

主管：「沒錯。那些問題不難，只要確認演講稿也能回答，卻表現得很驚慌，無法確實應對。」

我：「聽起來，這也跟工作記憶的容量有關。」

我後來跟該主管談了最關鍵的問題，也就是針對工作記憶的容量深入說明，並討論之後的對策：

最一開始女員工的案例裡，周遭的人對於她不能以更圓滑的方式和客人溝通感到不可思議，也因為無論怎麼提醒她都沒有改善而覺得煩躁。主要的原因可能跟她的工作記憶容量有關。

工作記憶是指在極短的時間內，大腦同時「儲存資訊」與「運作執行」的能力。想像一下在心算時大腦如何運轉，便能理解。心算時必須一邊記數字，一邊計算加減乘除，這正是工作記憶在發揮作用。

在前面的對話中我也提到，應該有不少人一聽到周遭環境的聲音，就在意到無法集中精神、完成作業，或算錯數字、寫錯字。從這個例子可以知道，原本工作記憶應該分配在寫作業上，但受到環境或他人講話的聲音影響，有一部分的工作記憶因而被耗費。

有各式各樣的實驗證明，只要把手機放在一個人的附近，那個人的認知功能就會下降，任務執行率也會降低。這是因為除了很在意手機所以導致專注力不足，在內心叮嚀自己不要在意手機，也會耗費工作記憶。

工作記憶原本應該在執行業務時發揮作用，卻為了提醒自己不要在意手機而被消耗，因此造成本來分配在完成作業的工作記憶不足，不論是讀書還是工作上都會受到影響。

依照前面的案例來看，因為那位女員工光是服務眼前的客人，大部分的工作記憶就已花費在說明商品、回答問題上，一旦此時有其他人搭話，就算只是聽客人提出的問題和給予適當的回應，也會造成記憶容量不足，所以沒辦法應對新客人。她認為除了要解決眼前客人的問題，還要回答別的客人，讓她陷入恐慌。

雖然已經知道恐慌的原因，但難以要求她突然增加工作記憶的容量，所以關鍵是**避免同時做兩件事**。

例如，以前面的案例來看，可先跟原本的客人說：「不好意思，可以稍等我一下嗎？」接著暫時把關於前一位客人的事拋出腦中，集中精神處理新客人的問題，簡單的引導他。若無法快速解決，可以先禮貌性的拒絕他：「很抱歉，因為剛才的客人還在等我，能否請您稍等我一下？」接著處理前一個客人的問題。

萬一，如果忘記跟前一位客人說了什麼，可以問：「很抱歉，我剛才跟您說明到哪裡？」對方應該就會向你解釋大致的情況。可以請部屬將這個流程用圖解的方式記錄，以幫助她記在腦海裡。

至於關於第二個案例：在他人面前發表簡報，因為員工在聽到他人提出問題後，須一邊理解問題是什麼，一邊思考怎麼說明，工作記憶因此不足，才造成他感到驚慌。

這個問題的對策方式，是建議部屬在**做簡報前，網羅各種有可能會被問到的問題，並先思考怎麼回答後再簡單的記下來**。等正式發表簡報的當下，專心理解他人提出的問題後，參考事前記下來的內容來回答就可以了。

不論是什麼情況，請避免讓部屬同時進行兩件以上的工作，先讓他集中精神處理其中一件事，並請他準備便條紙等工具來輔助他。

5 沒有範例，就不知道該怎麼做

許多企業在面試新人時，很注重應徵者的溝通能力，這是因為越來越多年輕人不擅長與人溝通、交流。不論是誰，為了生存都必須與人相處、合作，透過這樣的經驗，自然而然的提升溝通能力，不過相對的，溝通上出現衝撞的狀況也會增加。

接下來分享我和一位主管的對話，他有一位不擅長溝通的部屬：

主管：「最近有一個年輕人從其他部門調來。我們這個部門很重視跟客戶之間的應對，但他似乎在這方面不太順利。」

我：「他之前是待在不須面對客戶的部門嗎？」

主管：「是的。所以一開始我請他觀察、學習前輩如何服務客戶。」

我：「因為他是第一次擔任這類職務，應該不知道怎麼處理吧？」

主管：「對。後來教育訓練到一個段落，我便讓他實際面對客戶，根據在他身邊觀察的同事的說法，雖然溝通還算順利，但他的語氣似乎有點刻薄，甚至平靜的講出令人不爽的話，使同事時常替他捏把冷汗。」

我：「是覺得他講話沒有在顧及客戶的心情嗎？」

主管：「對。所以我也提醒他這點，但他似乎不能理解。舉例來說，我跟他說希望調整說話的方式、稍微顧慮對方的心情，他卻回我：『我覺得所有事情直接講明白，會比較好懂。』相當無法接受。」

我：「或許他難以想像對方的心情。所以才覺得沒必要調整自己的說話方式。也因此，他認為比起委婉的說法，直接講明白會更清楚。」

主管：「就算我跟他說多注意一下說話方式，他居然回不知道怎麼做，請我提供應對範例給他。」

我：「範例嗎？」

主管：「我不知道他在說什麼所以問了他，他說：『前輩能好好應對客戶，一定是因為有應對範例，也可以提供給我嗎？』我跟他說沒有，他反問為什麼沒有，如此一來不知道該如何和客戶溝通、如果沒有的話會很困擾，希望能提供範例。」

我：「看來，他不擅長在自己的腦中思考怎麼解決問題。他過去的工作是只要照著工作手冊行動，就能完成的業務嗎？」

主管：「這麼一說好像是。難怪他總是跟我要工作手冊。他說：『希望能提供客戶詢問商品時、接受訂單時、取消訂單時，或遇到客訴時等，面對各種情況該怎麼做的範本，只要按照這些範例應對，一定能讓客戶滿意。』至今從來沒有人這麼跟我說過，所以我很傷腦筋。」

我：「這的確很令人傷腦筋。如果做什麼事都參考制式的範例，勢必得先想像各種可能會發生的狀況、應對的流程，但這在現實生活中根本行不通。」

主管：「當然沒辦法。就像你說的，實際上無法做出能應對所有情況的工作手冊。」

我：「而且，像個機器人一樣只會固定的說那幾句話，也不會讓人感到舒服。說話時如果沒有傳達人情味，會給人尖酸刻薄的感覺。」

主管：「沒錯，聽他的說明時，語氣裡總覺得缺少了人情味。」

我：「如果是自己思考過後說出口，話語中能感受到說話者的人品，但如果只按照工作手冊表達，就會缺少許多人情味。必須得讓部屬養成多想像他人心情的習慣。」

主管：「其他同事也這麼認為。因為他偶爾會說出傷害到他人心情的話，因此周遭的人很替他緊張。就算糾正他，他也會說反正對方沒有客訴，所以沒關係。」

我：「也許他不是會因為對方說的話就輕易受傷的人，所以以為大家都跟他一樣。」

主管：「或許是這樣。就算我們給他建議，他也會給出不可思議的回覆，神經很大條。世界上有各式各樣的人，很多人的心思比他細膩，對方也許覺得他的服務態度令人感到不適，但身為成熟的大人，也不會客訴、找麻煩。若我們和客戶的關係因此惡化，可就麻煩了。」

我：「你說的也是。再加上重要的是，為了避免讓他什麼事都靠範本解決，或許應該讓他養成自己在腦中思考、嘗試面對錯誤的習慣。」

主管：「確實如此。再說之前沒有人要求提供範例，其他人都是靠自己思考如何應對客戶。若沒辦法做到這一點，未來不論他去哪個部門，都會令人困擾。」

後來，我給那位主管一些建議：

「溝通」是指和他人藉由交流把事情往前推進，並非只看重其中一方的意見。當然，你必須掌握對方在說什麼，且考量對方是抱著什麼樣的想法表達、為了追求什麼，為說話的語氣下功夫。

如果對方看起來很急躁，就必須注意用溫和的語氣來表達。你遇到的情況或許是自己犯錯、接到客訴，但對方並非糾結在問題上，而是單純想獲得道歉。此時，若是自己的問題卻還在找藉口，不但沒辦法平復對方的心情，他也可能會找你麻煩。如果是對方誤會，你想糾正他，聽起來卻像是在指責，想必也會傷到對方的心情。

這位正在煩惱的主管表示，過去從來沒有被員工要求提供範本，都是大家各自思考才順利解決問題，對於部屬為什麼做不到感到很疑惑。我想，這是**根據個人的社會經驗是否豐富來決定**。

多數人在日常生活中，會注意自己避免做出失禮的行為、傷害他人的心情，或是警惕自己說話的語氣不要太尖酸刻薄、時常表達感謝之意等，自然而然的考量他人的立場，所以即使沒有參考範本，也能在顧及他人的心情下，做出適當的應對方式。

然而，對於平常不在乎他人心情的人來說，就算提醒他說話時要多留意對方的心情，他也不知道該怎麼做。

如果部屬在公司內部面對同事或主管時，不會顧及對方的心情、毫不留情的指責他人的錯誤，想必他也很容易以類似方式來面對客戶。因此，主管須隨時觀察他在公司內部與人交流的樣子，當主管感覺到他的應對不夠客氣，就先教他一些委婉的說詞，接著再一步步的指導其他需要注意的小地方。

重點是，**訓練他靠自己的腦袋思考再行動的習慣**。只依靠工作手冊、按照指示做事，長期下來難免會陷入思考停止的狀態。

身為主管須建議員工，隨時想像他人的心情：在發言時，反過來想像如果是自己聽到不得體的發言時，心情上會有什麼樣的感受。並為了讓他時常意識到這點給予建議。

對於社會經驗豐富的人來說，會理所當然的站在他人立場思考，但缺乏經驗的人則反之。因此，根據這點堅持不懈的教育訓練非常重要。

6 「按照指示做事」，對他意外的困難

當部屬已經熟悉工作，就會希望他依照自己的經驗來思考、行動；不靠自己的腦袋來臨機應變的應對，只會一個口令一個動作，就會發生像上一節提到員工跟主管要工作手冊的問題。

不過，也有員工連按照指示做事都做不到，某間公司的老闆正為此煩惱，以下是我和他的對話：

老闆：「我身邊也有一樣在當老闆的朋友，他總是感嘆手底下的員工只會等指示做事，令他感到困擾。但依我來看，員工至少會按照指示做事，不是挺好的嗎？我可是有個不論怎麼提醒，都無法依指令做事的員工。」

我：「如果會照指示做事的話還算可以，是嗎？」

老闆：「對。而且好幾個部屬都有這個情況。他們沒辦法按照行政單位同仁的要求輸入資料。」

我：「他們並非不擅長使用電腦，而是沒辦法照指示輸入嗎？」

老闆：「與其說不太會用電腦，不如說他沒辦法將記載各個客戶的文件進行分類。」

我：「沒辦法分類文件？」

老闆：「假設將客戶預約來訪填在A欄、訂購商品填在B欄、諮詢的商品填在C欄……像這樣分類，他卻連這種小事都沒辦法做好，總是會記錯。」

我：「原來如此。還有其他類似的問題嗎？」

老闆：「他連調整客戶拜訪的時間都做不到。假設拜訪的時間以一個小時為單位，客戶A想預約下午、客戶B想預約下午一點到四點之間的其中一小時、客戶C想預約傍晚，所以先安排B在下午一點、A在下午兩點、C在下午四點。後來，客戶D說希望盡量排在下午早一點的時間，所以我問部屬，能不能把客戶A或B的時間調到三點，如此一來就能讓D可以排在一點或兩點。可是他卻無法理解我說的內容，對我說：『下午偏早的時間已經排滿了，只能排在三點或五點。』如果他這樣回覆客戶，客戶也會很煩惱。」

我：「明明只要調整時間就好了，他的腦袋卻轉不過來嗎？」

老闆：「是的。他因此拒絕客戶好幾次。明明只要稍做調整便能確實應對，不過他卻沒想到。」

我：「他既不能分類文件，也不能調整預約的時間，這麼一說，是他沒辦法進行系統性的思考嗎？」

老闆：「對。他總是很混亂。你有什麼好方法嗎？」

我：「看起來是需要針對思考整理，好好下點功夫才行。」

老闆：「他做得到嗎？我還有個業務，也總是思緒混亂。」

我：「有其他業務也是一樣的狀況嗎？具體來說是什麼情況？」

老闆：「例如拜訪客戶時，通常會希望業務了解對方看重什麼樣的條件，像是價格或功能等，探聽客戶重視什麼。我會針對此事叮嚀員工，再讓他們實際拜訪客戶。」

我：「你拜託他確認客戶的要求、問出在意商品的哪個部分，對嗎？」

老闆：「是的。然而，他和客戶廠商的負責人碰面後，我問他：『談得怎麼樣？』結果他完全不知道客戶期待什麼樣的商品、看重什麼地方。再說，他根本不知道客戶在說什麼。所以我請他給我看他的筆記。」

我：「因為請他口頭說明也問不出個所以然，才請他給你看筆記嗎？」

老闆：「對。我請他看著筆記跟我說明，但我還是無法理解，找不到客戶想要的、在乎的是什麼的提示。」

我：「他不只不了解說話的要領，連筆記也難以整理好嗎？」

老闆：「沒錯。假設客戶一直在說毫無重點的話，我們可以主動出擊提問，並寫下問到的資訊。但就算看了他的筆記，也因為內容太支離破碎，所以完全不知道他在寫什麼。」

我：「他還沒在腦中整理好。」

老闆：「我也那麼覺得。」

我：「他本人還沒在腦中整理好的話，當然沒辦法有邏輯的問出客戶要什麼、掌握客戶說話的重點，並將聽到的內容確實的整理、寫下來。」

老闆：「然而，如果想主動提問，就得先掌握客戶在說什麼。」

我：「如果詢問者還沒在腦中先整理好問題，就無法掌握對方說話的要點、判斷關鍵是什麼。舉例來說，假設詢問者腦中有好幾個整理箱，當我們在聽客戶說話時，把某段內容放進某個整理箱、把另一段內容放進另一個整理箱，像這樣一邊整理，一邊詢問。」

老闆：「原來如此，不會整理文件的行政人員、找不出客戶需求的業務，都適用於這個道理。」

在職場上，經常可以聽到有人抱怨部屬等主管指示才行動、只會一個口令一個動作，但這個案例是連按照指示做事都做不到。背後的原因，是因為部屬尚未在腦中整理好思緒，所以無法根據文件內容分類，或從他人說出的話中整理要點。

重要的是，**如何訓練在腦中整理思緒，以更有邏輯的思考。**

如果是出於忙著處理眼前的業務、擔心工作會停滯不前等理由，而怠惰了員工訓練，那部屬便難以擺脫不斷犯錯、效率差的工作方式。考慮到部屬在未來須成為組織的戰力，所以欲速則不達，經營者仍得花時間、心思訓練員工。我提出以下幾個方案給那位老闆，請員工進行以下練習：

・運用大腦思考，看著數列（好幾個數字排成一列）後找出其中的規律，或像配對圖片一樣，從零散的圖片中找出有相關性的內容後組成一堆。

・閱讀文章後指出重點。應該有不少人曾在小學或國中上國文課時，被老師要求閱讀報紙後，整理成一篇摘要——經過多次練習後，聽別人說話時應該也能從中聽出重點。

・一邊看文章，一邊圈出重點後寫下來。透過這樣的練習，過去總是漫不經心看文章的人，能逐漸意識到重點在哪裡，改變閱讀文章時的心態。

・傾聽別人說話時，記下重點。無法照指示做事的人、掌握不到他人說話重點的人，通常已經在不知不覺中，養成不論聽到別人說什麼，都會左耳進右耳出的習慣，所以藉由練習記重點，讓他一邊意識到哪裡是重要的地方，一邊傾聽他人說話。

・邊看備註邊把文章或別人說話內容的流程，利用圖解畫出來。也就是試著用圖表，用箭頭標示認為是重要的單字或短文。如此一來，文章或他人說話內容的脈絡，也會一目瞭然。

一般來說，讀解力較好或擅長掌握別人說話重點的人，自然會在腦中浮現圖解，所以能正確又快速的理解文章，也能確實聽出別人說話的要點；相反的，無法照指示做事、分類文件，或掌握不了他人說話內容的人，則沒辦法做到。因此，根據前述的方式練習，可以說是老闆和員工今後重要的課題。

7 不知道他到底想說什麼

有些人因為說話內容沒有重點，導致他人不知道說話者想說什麼，而感到煩躁。有位主管由於部屬講話太迂迴，經常被耍得團團轉，以下是我跟那位主管的對話：

主管：「總之，我不知道他到底想說什麼。他因此造成很多糾紛，他應該也很困擾。但他仍經常情緒激動的想跟我搭話，我也只能先暫停手邊的工作、聽他想表達的內容，結果還是不知道他到底想說什麼。」

我：「他情緒激動，是不是遇到什麼問題想跟你討論？」

主管：「或許是這樣。他會說個不停，但都在說不重要的細節，我邊聽邊想著何時會說到重點？然而，他會突然結束話題，接著說：『這樣我們沒辦法做下去。請幫我想辦法。』聽他這麼說我才知道原來前面不是在閒聊，不過我還是搞不懂他的問題到底在哪裡。」

我：「原來是這樣。他在煩惱某件事，希望你能幫他，但因為他不太會說話，導致你不知道如何幫他，不如說根本不知道他到底為了什麼事而困擾，是這樣沒錯嗎？」

主管：「是的，沒有錯。」

我：「所以你有請他再說明一次嗎？」

主管：「當然有。我跟他說因為不清楚他到底發生什麼事，所以請把想表達的事再簡單的說明一次，結果他突然說：『我剛剛不是說了嗎？我真的很煩惱！』但我還是不知道發生什麼事。」

我：「他冷靜不下來，且說話內容沒有邏輯嗎？」

主管：「沒錯。就是那樣。我知道他正在煩惱某件事，也感受到他需要協助，但我無法理解具體上需要我幫忙處理什麼事。他看到我困惑的表情後，像是放棄似的說：『算了，我想你應該不理解賣場的實際狀況吧！』留下這句話就轉身離開了。聽到後，我差點脫口而出：『並不是我不了解現場狀況，而是你太不會說明了。』」

我：「一定是他還沒在腦中整理好事情的來龍去脈。他的內心充滿了『我很困擾』等情緒化的聲音，因此無法理性的意識到發生了什麼問題，但他也沒有發覺。所以，不論他如何訴苦，他人也無法得知問題是什麼。」

我可以理解部屬不懂說話的要領，而讓主管的心情很煩躁，但我建議這位主管先抑制住焦躁的心情，像是解開多條糾纏在一起的線一樣，**試著留意部屬說的話，將關鍵的詞彙當作線索追問他**，讓事情的經過更加透明。

例如，**他是否有提到人名或業務？主管可藉此反問**：「○○做了什麼？」、「○○的行為舉止出了什麼問題？」、「△△業務裡發生了什麼麻煩的事？」像這樣找出問題的所在。

接著，如果主管覺得是關於人的問題，可以反問他：「你覺得○○的哪個地方有問題？」、「你覺得○○該怎麼做比較好？」如果覺得是關於業務上的問題，則可以問：「你覺得△△業務當中的哪個部分是問題？」、「你覺得△△業務該怎麼改善比較好？」將問題的範圍聚焦。

總之，身為主管需要做的是協助部屬整理腦中的想法，以了解他到底發生了什麼問題、對方希望自己該怎麼做。部屬可能感到鬱悶、煩躁，而藉由這樣的對話，他也能逐漸知道自己焦慮的原因。

過一陣子，這位主管又再度找我諮詢：

主管：「我根據他話裡出現的人名或業務內容，詢問他有什麼樣的問題、試著了解他希望我如何幫他。即便如此，我還是搞不懂他到底想說什麼。」

我：「問了他各種問題，但還是沒辦法確定問題是什麼嗎？」

主管：「對。例如感覺得出來他對某位同事的工作態度感到不滿，可是當我問他具體來說是什麼情況？他卻只回答『總覺得他很討厭』、『我覺得他那樣做不好』等，無法詳細的說明狀況。」

我：「看來他不太擅長言語表達，也就是不太會把自己內心想到的用話語說明。」

主管：「就是那樣沒錯。他也曾發生過類似的事。因為他把資料輸入電腦裡的錯誤率太高，所以我建議他複製範本，再根據當下的狀況，更改日期、數字或客戶的名字後另存檔案，比起每次重新輸入會減少許多錯誤。結果他說：『這樣的話，感覺反而會做錯。』於是我問他：『全部重新輸入的話，更容易發現哪裡打錯嗎？還是有其他不想複製範本的理由？』他卻回答：『算了，我可以走了嗎？』後就轉身離開。」

我：「雖然他心中有煩惱，但無法明確的用言語表達出來。也就是說他之所以發生這麼多的問題，可能跟不太會把內心的想法，好好傳達給周遭的人有關。」

主管：「我對此都有點感到煩躁，跟他一起工作的同事肯定更困擾。」

我：「我想他可能也會因為同事無法理解他而感到焦慮，看來他還是很需要表達訓練。」

我後來提供一些建議給這名主管，以協助部屬把自己的想法表達出來。

我也提醒，如果個別訓練部屬，他可能會覺得自己被視為問題人物、產生受害者心態。所以不只限於當事人，可以針對他隸屬部門的所有成員，舉辦磨練說話能力的課程。

首先能簡單做到的是，請員工**練習把想到的事寫成文章**。不知道如何表達的人，大都不擅長寫作文。對擅長寫作文的人來說，因為只要把自己想到的事照實寫出來，所以只是一件小事；但對不擅長的人來說，光是把自己的想法用文字表達出來就很困難。

最主要的原因，是沒有將想法透過言語統整，而持續感到煩躁。

一旦在腦中把自己的想法化為言語、文字，本人也能明確掌握到自己在想什麼，自然的會和他人傳達自己的想法，心情也會變得舒爽。溝通上因此會變得順利，並減輕壓力，也能期待提升工作熱忱。

透過對話了解心中的疙瘩，也是諮詢的基本原理。因此建立對話，有利於把他人想說的話引導出來。

為了把自己的想法表達給他人，就必須利用文字來傳達。不擅長文字表達的人，可能平時缺乏能互相訴說的人際關係。因此，**給予他能練習的環境、養成把內心看法傳達出來的習慣**後，便能期待他能更圓滑的溝通。

8 數字感很差

正因為越來越多年輕人不擅長溝通，所以許多企業在應徵新人時很注重此能力，於是各企業爭奪擅長表達的年輕人。但在面試時互相交流、說幾句話，就可以了解應徵者的溝通能力嗎？其實在面試場合判斷表達能力的高低，意外的很困難，評斷的標準相當模糊。

以下是我和一位主管的對話。該主管以為錄取了具備溝通能力的人才，卻發現這名部屬不知變通：

主管：「像我們這種服務業，如果員工不具備溝通能力的話會很困擾，所以在面試時，會非常看重這點。剛開始，感覺這名部屬很善於交際，和誰都可以和睦相處、馬上拉近關係，所以對於錄取了人才而安心。不過，當教育訓練結束、她實際開始工作後卻像個累贅。我常聽到現場其他員工抱怨她。」

我：「溝通能力涵蓋很多層面，要分辨一個人溝通能力強或弱，確實很困難。社交不能只靠和誰都可以相處得很好這點來判斷。」

主管：「是呀！但她的問題比較像是因為邏輯不好，導致溝通不順。」

我：「具體而言，是發生了什麼問題？」

主管：「例如，我們會製作出勤預定表。如果臨時休假，就得急急忙忙找其他同事支援，所以我會請部屬兩週前先填寫好哪天無法排班。如果在更早之前就已確認自己的行程，會請他們在兩週以上之前先填好出勤表。至今為止從來沒有人為此事有所反應，她卻來跟我爭辯。」

我：「如果早點知道的話，就算是三週前，也可以先把不能排班的時間備註在出勤表，對嗎？」

主管：「是的，沒有錯。」

我：「那她是為了什麼而爭辯？」

主管：「其他人都是在兩週以上之前就標註不能排班的日期，她則是在剛好在兩週前登記。她的確有按照規定，但為了順利排班，也有同事跟她說：『如果很早之前就知道不能排班的話，可以先登記在班表上。』她卻說：『我按照規定兩週前填好不行嗎？』所以同事再跟她說明，越早登記，越利於排班。後來，她的確有在兩週以前填好出勤表，卻在備註的地方寫：『我這一天或許會請假。』向她反應要是還不確定的話，會對排班的人造成麻煩，她卻回：『因為你叫我早點填。』」

我：「就算她具備和誰都能打破隔閡、親近相處與聊天的溝通能力，但不懂邏輯上的變通，就代表溝通能力還是有問題，對嗎？」

主管：「對。所謂的溝通能力，只靠社交是不夠的。」

該公司銷售部主管剛好也聽到前述的對話，因此也參與交談：

銷售部主管：「我們這邊也有一個不懂得變通的員工，真的很傷腦筋。我們的銷售部門主要是面對面服務客戶，遇到客戶殺價的情況，我們最多可提供二〇%的折扣，但須盡量維持在一〇%，若真的不行，頂多折一五%。」

我：「也就是說最多可以折二〇%，但盡量提供一〇%的折扣，若談得不太順利，也不能直接折價二〇%，而是堅持跟客戶說，最多只能折一五%，對嗎？」

銷售部主管：「沒錯。如果折到一五%，跟其他客戶比起來明顯的折扣較多。考量到可能會嚴重影響到其他經費，所以我會提醒部屬堅持跟客戶溝通，但即便如此，他又輕易的給予客戶一五%的折扣。」

我：「可事先知道商品折扣一〇%或一五%後，**具體數字是多少**嗎？」

銷售部主管：「具體數字是關鍵嗎？仔細想想，他在這方面的確很令人疑惑。前陣子提醒他時，他說：『我一開始當然是用一〇%的價格跟客戶談，但客戶無法接受，還說如果再讓他折一萬日圓就願意付錢。我想說一萬日圓的話也不到一成，於是就這樣成交。』我聽到這番回答，就和他說明如果一開始已經折一〇%，再折一萬日圓，折扣就會超過一五%以上。他聽到後整個傻住。」

我：「那是因為他連折一五％後會是多少都不知道，對嗎？」

銷售部主管：「的確有那種感覺。雖有很多人不擅長數學，但與其說是數學差，不如說是不會算數。他有使用計算機，但不知道如何用計算機算『打折後會變成多少元』的樣子。」

首先，我向兩位主管說明，所謂的溝通，注重的不只是能與任何人敞開心胸交流的能力，邏輯能力也很重要，並提供關於提升邏輯能力的具體方法。

因此，案例中引發問題的兩位人物，須進行邏輯思考的訓練。不過，邏輯能力並不是一夕之間就可以養成。為了快速改善職場上的問題，在第一個例子當中，只要要求部屬在兩週前填好班表就可以了，跟她說太多複雜的事，只會導致她本人思考混亂，甚至覺得自己是不是被找碴、降低幹勁。若要訓練邏輯能力，那麼和其他人統一用一樣的方法指導就好。

希望部屬提升邏輯能力，可讓他透過閱讀論說文來鍛鍊，並跟他說明這是為了提升在工作上必備的溝通能力，所以希望他再精進自己、努力升級。

至於第二個例子，問題在於對百分比等抽象的概念不夠熟悉。或許有不少人認為，大家理所當然的都會知道百分比等概念，但實際上不清楚的人意外的很多。

在一九九九年，日本經濟學家西村和雄等人所寫的《不會分數的大學生——二十一世紀的日本很危險》造成話題，書中提到學生學力低落的嚴重性，引起了社會的關注。根據西村和雄的說法，很多大學生連國小學生會的算數問題都解不開。

舉例來說，西村和雄曾針對一九九八年四月入學的五百位大學新生，實施數學能力調查測驗，最後結果明顯可知，不會分數的大學生占多數。

後來，數學家芳澤光雄在他的書《不知道「%」的大學生》提到，許多大學教授說有學生在計算比例的問題裡，犯下不可置信的錯誤，芳澤光雄也曾被學生問：「『%』是什麼？」

一般不清楚教育現場實際情況的人，聽到明明是大學生，卻連在小學曾學過的分數和百分比都不會時，會懷疑自己的耳朵；但是對了解實情的人來說，並不是特別震驚的事。剛出社會、開始工作的人不了解百分比也很常見。

為了防止部屬混亂，下指令時避免說「最多給多少%的折扣」，而是客戶在殺價過程中，**先讓部屬提出能折價至多少元（折一〇%後的金額）**，如果客戶仍無法接受，甚至要求再降價，那部屬就堅持能折價至多少元（折一五%後的金額）、最低則是折價至多少元（折二〇%後的金額），像這樣提出**具體的數字**。

當然，讓部屬學習百分比的計算方式也很重要，但需要花一點時間，而為了讓工作現場順利，先根據每個商品提出具體的價格。

第二章

沒實力卻以為自己懂

1 他只是看起來很努力

如果部屬沒有幹勁，主管吩咐工作時會很辛苦，但也有部屬充滿幹勁卻不會做事。有一位經營者，分享充滿野心、工作卻難有進展的員工，帶給他什麼樣的煩惱。以下是我和他的對話：

經營者：「最近公司來了一位充滿野心的年輕人，強烈感受到他想成為能幹的人。我一開始還很開心，覺得錄取了一位不錯的人才。他還會主動問很多關於工作的問題，充滿了幹勁。」

我：「真是太好了。」

經營者：「但我逐漸發覺自己沒辦法再開心下去。」

我：「怎麼會這麼說？發生了什麼事？」

經營者：「雖然他很努力，工作能力卻很差。」

我：「他很有幹勁，卻不會做事——你能具體的說明是發生什麼事嗎？」

經營者：「通常工作了一到兩個月，就算大部分工作還不熟練，主管還是會交辦一些任務給新人。但不管過了多久，那位充滿野心的新人，還會一個個跟前輩確認做法，最終勉強完成工作。」

我：「感覺他很積極，但一直在空轉的感覺嗎？」

經營者：「對，就是空轉。我想找出他為什麼會這樣的原因，於是觀察了他最近工作的樣子，發現一般人會注意自己哪裡做得不夠好，再改善做不好的地方，可是他卻像是只想完成眼前的工作，不知道自己還有什麼課題該改正。」

我：「也就是說，他沒有發覺自己欠缺什麼部分、哪個地方該強化嗎？」

經營者：「沒有錯。他也並非完全不會做事，很盡力的完成任務，但他表現得像是總之先撐下去，沒有想面對、解決問題的樣子。」

我：「他沒有意識到自己的優點和缺點是什麼、不正視自己會做什麼、還有什麼地方做得還不夠，只先依自己已經掌握的方式暫時完成每項任務，卻無法改善缺點，導致他的成長困難重重，對嗎？」

經營者：「對，就是這種感覺。我認為一旦知道自己不擅長什麼、哪裡還做得不夠好，再針對這點強化，工作能力便能提升、成長。因為他沒有發現這點，才沒辦法改善不足之處。」

我：「聽你這麼一說，感覺是他**缺乏自我反省的意識**，所以就算具備積極的態度，工作能力仍不會提升。」

經營者：「沒有錯。回頭檢討自己的不足之處非常重要。我覺得他就是缺少這個態度。」

我：「你提到他會積極的詢問前輩，那麼前輩會特地指出他哪裡做得不夠好嗎？」

經營者：「我想應該沒有。再怎麼說現在的時代也不同了，就算前輩發現新人的弱點也不會責怪他，反而會擔心新人因此情緒低落，要是傷到他的自尊心又更麻煩了。」

我：「如果是這樣的話，就必須先讓他回顧自己現在的狀況，確實正視自己的課題。再加上既然他的心態非常積極，強烈想成為會做事的人的話，一旦知道自己的課題，便能為了克服它而努力的前進。」

經營者：「如果能這樣成長的話就好了。照現在來看，明明有幹勁實際上卻一直停滯不前、明明希望自己變得更好卻事與願違，真是太可惜了。」

我：「因為他想變得更好的心態很強烈，所以他知道自己的不足之處的同時，也發掘出自己的強項的話，就不必那麼氣餒，且能一邊發揮自己的優點，一邊朝克服課題的方向前進了，不是嗎？」

接著，我向這位經營者解說自我反省與後設認知能力有關，並給予了以下建議：

應該很少人聽過「後設認知」這個詞彙，這是指關於認識自己的認知活動（回想自己如何進行認知活動）的能力。在讀書或工作時動腦正是認知活動。以工作來說，具備後設認知能力，讓你可以透過檢討工作方式，並監視其現狀，以掌握問題點。

舉例來說，對於工作的方式或成果等，反省自己是否確實做到、做出成果、造成其他人困擾、在哪個過程中覺得執行得不順利、有仍不懂的地方、哪個部分容易出錯，或為了做得更好，有沒有其他需要改善的地方。回頭檢視的行為，正是在發揮後設認知的能力。

若學生時期沒有好好發揮後設認知的能力，就算念書方法有問題，自己也不會發覺，並持續使用不適當的做法，便無法期待成績進步。

適當發揮後設認知功能的話，就能知道工作的做法哪裡是順利的、哪裡有問題、哪裡須改善，便自然的能著手解決每個問題，工作能力也會因此成長。

以前面提到的例子來說，就算當事人想變得更好的心態非常強烈，但因為工作能力很難提升，也難以成長。我認為關鍵在於，他沒有啟動後設認知的功能。

專注眼前的工作很重要，關於這點我覺得沒有問題。可是，光是拚命工作，總有一天會停滯不前。還沒習慣工作時，努力完成當下的任務很重要，不過當你熟練工作內容後，便會開始追求更好的成長。這時需要的就是後設認知。

為了改善工作的缺點，且意識到能力開發的必備要素並強化它，必須退一步回頭檢視自己的工作步驟。我想那位員工就是欠缺這個意識。

學生時期成績名列前茅的孩子經過證實顯示，正是因為他們確實發揮後設認知所以擅長念書，而在工作方面也會帶來一樣的效果。只要能確實掌握自己會做什麼、什麼事需要再加強，就能想辦法發揮優勢與補強劣勢，提升工作能力。

因此，關於前面的案例，有必要進行與後設認知相關的教育訓練。

例如，**安排一場個別面談，讓部屬回顧每天工作的表現**，說說看他發現了什麼。

像是詢問部屬關於他的工作方式，問他覺得自己是否有地方做得很好、獲得他人的評價；是否有地方認為做得還不夠、被他人指責什麼樣的問題；自己有什麼樣的優點與缺點，並讓他深入思考每個問題。如此一來，他應該能獲得一些啟發。

如果他發現自己有什麼事做得還不夠好，接下來就讓他思考，自己應該要注意什麼樣的事、必須習得什麼樣的技巧、開發什麼樣的能力等。

另外，如果察覺到自己的優點，那就讓他思考為了發揮優點，該怎麼做比較好；反之若是缺點，則要想想如何藏拙。

像這樣的面談如果只舉辦一次，難以盡速改善問題。為了讓員工養成回顧工作表現的習慣，必須**每個月或每季一次定期舉辦面談**，藉此讓員工自我反省，在工作上也能自然的發揮後設認知的作用。

2 把他人建議當惡意

職場糾紛中，有許多例子是因為欠缺後設認知而造成。不少人會批評他人的言行舉止，例如，說「你說的話很過分，還有其他更好的說法」、「那個態度很傷人」等，卻沒意識到自己的行為也大同小異，而導致各式各樣的問題。某位主管被捲入這類糾紛，以下是我和他的對話：

主管：「新人找我哭訴：『前輩故意整我，我沒辦法再撐下去。』可是，至今以來沒發生過誰欺負誰的事，公司整體的氛圍也相當良好，因此為了了解發生什麼事，我問了周遭前輩，關於新人工作的樣子或平常的交流狀況。」

我：「這是個很棒的應對方式。只聽其中一方的說法，沒辦法了解實際狀況。」

主管：「對，我就是這麼想。我問了周遭的人，卻得到和新人完全相反的說法。」

我：「是怎麼一回事？」

主管：「他們說那位新人跟至今以來的新人不同，記憶力非常差，不管教了幾次還會出錯。前輩也很困擾，還說他簡直是老鼠屎般的存在，但即使如此還是必須讓他發揮戰力，因此不斷重複教他、耐心的給他建議，不過真的很麻煩、也很困擾，再這樣下去他們也會受不了。」

我：「原來如此。新人說自己被找麻煩待不下去；前輩說同一件事必須教好幾次，這樣下去他們也會吃不消。」

主管：「是的。當初我還有點疑惑，到底該相信哪一邊的說法，但我認為前輩絕對沒有找新人的麻煩。前輩明明很親切的給予意見，新人卻認定那是在找麻煩。」

我：「你是指新人接收他人訊息的方式似乎有問題嗎？」

主管：「了解實際狀況後，我是如此推斷的。其實，我還發現了另一個問題，跟理解方式有關係。」

我：「你還發現了跟理解方式有關的問題嗎？」

主管：「對。根據前輩的說法，新人用錯誤的、沒有效率的方式做事，所以前輩會給予他意見，但他會反過來對前輩說：『那是在對我說教嗎？』或『請不要用高高在上的姿態跟我說話好嗎？』

「前輩表示，現今時代的新人很容易變得玻璃心，或控訴前輩職場騷擾。所以為了不讓新人受傷，已經很小心說話方式了，也沒有使用自以為是或粗暴的措詞。」

我：「原來如此。當經驗豐富的熟練者向經驗尚淺、不成熟的人說明做事方法時，先不論表達方式，從結構來看是上對下。根據這點來看，那位新人有可能反應太過於敏感。」

主管：「對，沒有錯，我也只能那麼認為。」

我：「關於接納他人意見的方式，你有跟新人談過嗎？」

主管：「有，我直接跟他談了這個問題。結果發現他果然有所誤解。」

我：「怎麼樣的誤解？」

主管：「那位新人說前輩總是否定他的做法，馬上會批評、挑剔他，害他如坐針氈，工作沒辦法集中精神。他還是認為有人指出他的錯誤，是因為別人想找他麻煩。」

我：「指出做法的不同之處，並提供更好的建議——從新人的角度來看，他可能會解讀成『現在的做法被否定』。」

主管：「但不那麼做的話，工作不就無法進行嗎？若一直把他人的建議當成惡意，就不會進步，不是嗎？」

我：「你說的沒有錯，那位新人似乎理解錯誤。畢竟如果前輩知道做法有誤卻不直接指出來，新人就無法學到正確的做法。」

主管：「是的。如果新人一直抱怨他人否定他的做法、故意找他麻煩，害他如坐針氈，不就沒辦法把工作做好？」

我：「你說的沒錯。自己的做法會被一一否定，是因為原本的做法有誤，不是別人故意在找麻煩。若是顧慮到會傷到他的自尊心，所以很難對他說出口，或明知他做錯了卻不指出來、放任他繼續用錯的方式做事，反而才是真正的心腸惡毒。」

主管：「我就是這麼想的。真虧他周遭的前輩沒有放棄他、繼續指導。」

我：「若前輩沒有指出他的問題、給他正確的建議，他就沒辦法進步。這點要如何傳達給新人，似乎還很困難。」

主管：「對呀！所以我很困擾。聽了前輩與新人兩邊的說法，也大概理解實際狀況，但那位新人理解錯誤，真不知道該怎麼做才好。」

我：「如果對他說他的想法有誤，他就會乖乖接受的話，那麼前輩的建言也應該會坦然的接受，但他既然把他人的好意認定成刁難，那麼就算指出看法有偏差這件事，他也會認為是別人在找他麻煩。」

主管：「所以我才在煩惱該怎麼辦才好。」

後來，我跟這位主管說明關於新人產生誤解的原因，也就是缺乏後設認知，並提供應對方法。

在這起案例中，新人欠缺後設認知中的「監督」功能。當被前輩提醒做法有誤或建議該怎麼做時，**他只想到「自己的做法被否定了」**，**卻沒有意識到「自己的做法有誤」**。要是做法沒有錯，應該不會有人糾正他、給他忠告。而主管必須讓他意識到這點。

這時可以透過對話，讓他認識到以下三點：

第一點，「工作方式」跟「他的存在」是兩個分離的關係。若工作方式出錯而被人指責，便只是工作方式被否定，而不是自己本身的存在被否定。主管須事先說明這點，引導他冷靜的接受這兩者是分開的。

第二點，他人給予指責及建議，不是故意刁難而是出自好意；刻意不指出問題、不給予意見才是惡意。要是有人指責或提供意見，那就改善做法，用正確的方式工作；沒有人指出錯誤或給予建言，當事人就會一直使用錯誤的方式做事，工作也會不順利，甚至成為職場的累贅。

第三點，對於上對下的視線過於敏感。一旦被比自己更熟悉工作的人提醒時，他可能會小題大作的認為對方一定是看不起自己：「怎麼樣？我比你還要懂好幾倍！」或「連這個都不知道！」覺得別人很自以為是。

會有這種心態，是因為他欠缺向熟練者學習的心態。如果一直維持這種想法，最後會是自己吃虧。要是能領會這一點，培養想學更多的心態，那麼他人的勸告及建言會成為提升能力的糧食。

3 能力差卻自我感覺良好

不管進行多少次的教育訓練，還是會有員工聽不懂指令、無法融入職場。而有人明明因為工作能力不好，所以給身邊的人添麻煩，且比其他同事花更多時間學習，本人卻認為自己很能幹，也就是「自我感覺良好」。

有位主管的部屬擁有這類特質，以下是我和他的對話：

主管：「我帶過各式各樣的新人，像他這種類型我還是第一次遇到。真的很煩惱，該拿他怎麼辦才好？」

我：「發生了什麼事？」

主管：「該怎麼說，要說他沒聽懂我說的話，還是……例如，當我看著他工作的樣子，覺得他似乎還沒搞懂工作流程，所以告訴他該怎麼做後，**他只**

會說：『好的，我知道了。』簡單的應付過去。像是在說『你不必說我也知道、我正在做』。但就是因為他沒做對，所以我才再說明一次。」

我：「如果他會做對的話，就不須再另外指導他了。」

主管：「是的。遇到類似的情況，以前帶的新人會說：『原來是這樣，我明白了。』、『原來是這麼一回事，是我沒有注意，很抱歉。』讓我理解到，他們有把建議聽進去。但這個新人給我完全不想學習的感覺。果然，之後他仍繼續使用錯誤的做事方式工作。」

我：「不管教了他多少次，他不但沒吸收建議，還重複犯錯。」

主管：「對。當然，過去帶的新人也不是教了一、兩次就完美吸收，有時還是會犯錯或用效率低的方式工作。但當他被指出問題時，反應不太一樣。過去的新人會說：『原來是這麼做，是我沒注意到。』、『我很抱歉，今後會注意。』讓人了解到新人有聽懂，並會改善。這位新人卻不曾這樣回覆。」

我：「就算提醒他、告訴他該怎麼做，感覺他還是沒有聽懂，所以不覺得他會改善。」

主管：「沒錯。他不願意接受自己的做法錯誤的事實。所以，他還繼續若無其事的用錯誤和效率差的做法工作。同事跟我反應，不管跟他說明幾次，他都不會改善，希望我想個辦法解決。所以我直接向他說明，不斷重複錯誤跟沒有效率的做法，只會給周遭的人帶來麻煩，希望他趕快改善。」

我：「因為他難以理解他人想傳達的事，所以你才會毫無顧慮的直接指出他的問題嗎？」

主管：「是的。可是，他居然不承認自己使用錯誤的、效率低的方法，並反駁他有做好。即使再三說明狀況，他也會說：『當然我也會犯錯，而且前輩也會做錯，大家不是都一樣嗎？』完全不清楚自己已經成為累贅。」

我：「這是因為他沒有發現自己的錯誤特別多、跟大家不一樣，做事效率差。」

主管：「對。他沒有注意到自己不會做事，好像還覺得自己很能幹。聽起來他也不像是在找藉口，是真的這麼認為。」

我：「原來是這麼一回事。看來這跟缺乏後設認知也有關係。」

我跟這位主管說明，如同這個案例中的部屬，實際上不具備工作能力，卻自以為很優秀，是由於缺乏後設認知所導致。還有幾個相關的情況，很容易在不太會做事的人身上看出來。

根據心理學家大衛．鄧寧（David Dunning）和賈斯汀．克魯格（Justin Kruger）的實驗結果顯示，能力越低的人對自己的評價有越高的傾向，也不容易發覺自己能力也很低的事實。

他們實施了幾項能力測驗，同時請受試者自我評價。接著，根據實際的成績分為：最高分組、中上組、中下組、低分組，再調查實際成績和自我評價的差距，結果發現了有趣的事。

例如，以幽默度來說，低分組實際得到的分數比平均數字明顯低分許多，但從本人的自我評價來看，普遍認為自己的成績比平均數字高。

低分組的平均分數位於第十二百分位數，成績慘不忍睹。幽默度明顯低於平均數，代表一點也不詼諧風趣，但低分組自我評價的平均分數接近第五十八百分位數，認為自己的幽默感位於平均以上。也就是說，他們對自己的評價過於樂觀。

相反的，高分組不像低分組有過高的自我評價，對自己的評分比實際得分還低。

至於其他像是邏輯推理能力等測驗，也有相同的傾向，低分組對自己的評價明顯過高。換句話說，低分組的成績位居倒數一〇%、有九成的人其成績比自己好，但他們還是相信自己的成績高於平均數字。

像這樣的實驗結果，從後設認知的觀點來看，也可解釋為成績不好的人因為缺乏後設認知，所以無法監督自己目前的能力——沒有發現自己的問題，所以無法改善，造成成績不會進步。

總而言之，與其說是因為能力低下，所以檢討自己的能力也低，不如說是因為沒有發揮後設認知，所以不了解自己目前的狀態，沒辦法採取改善的行動。

與後設認知相關的研究中，在心理學家道格拉斯·哈克（Douglas Hacker）等人執行的實驗裡，根據考試成績分成五個組別，來確認考生預估成績和實際得分的落差。最後結果顯示，只有考試成績最低分的組別預估自己比實際分數還高分，其他四組的猜測則與實際分數相近。

再更詳細來看，成績最高的組別其平均預測分數位於第八十三百分位數，實際平均得分則位於第八十六百分位數；成績最差的組別其平均預測分數位於第七十六百分位數，實際平均得分則位於第四十五百分位數。此結果也證明了得低分的人，有高估自己的傾向。

從這些研究來看，尤其是**成績差的人，容易高估自己的能力**，我將這種現象稱為「自以為明白症候群」。

自以為明白症候群是指，沒辦法正確監督自己的理解程度，因此無法注意到現狀的問題。像這樣缺乏意識的狀態會連帶影響到危機意識，結果造成他們不會採取對策來改善，導致成績持續低下。

因此可以說，**成績低下的最大原因之一，正是缺乏了像這樣的後設認知，而「自以為明白了」導致**。

由此可知，工作能力不足的員工因為缺乏後設認知，沒有發現自己處在危機狀況，所以沒辦法擺脫自己成為累贅的現象。

你可以在前面的案例中看到，**不論其他人提醒了多少次，新人仍不改善工作方式，一直使用錯誤或沒有效率的做法**。你可能會納悶「為何他不改善工作方式」，而這種類型的人，正是因為缺乏後設認知，所以不會發現自己的問題，導致即使同事指出他的問題，也沒辦法嚴肅以待，總是輕描淡寫的帶過，且不打算認真改善。

也有其他類似的例子：當公司想成立新專案的團隊時，其他同事都覺得某位員工能力不足、無法成為其中的一員，那位員工卻忽視已做出實績的前輩，主動提名自己。可能有人會對此感到驚訝、無法理解他的想法，但背後的原因正是他缺乏後設認知，所以沒發現自己的實力不足以面對新專案。

那麼，該如何指導缺乏後設認知的部屬？首先，須引導他認識自己的現狀，這跟下一節內容討論的問題有關。

4 老犯同樣的錯

接下來要討論的問題跟上一節內容屬於同一種類型。有不少經營者對此感到苦惱：發現員工明明經常出錯，但不論怎麼提醒、教了好幾遍正確的方法，還是不斷犯下同樣的錯誤。主管只能想盡辦法、努力不懈的教導他，讓他發揮能力。

有位企業經營者曾跟我分享他對於管理的煩惱：

經營者：「我有個員工不管別人怎麼提醒他，還是會犯下同樣的錯誤。不論怎麼指責，他都會表現出若無其事、沒有要反省的樣子。」

我：「看不出他有在反省嗎？」

經營者：「對，看他的樣子，我感受不到他有在檢討自己。之前因為看到他工作的方式有誤，所以我提醒他、告訴他正確的做法後，他回我：『是這樣喔，我不知道，沒有人教我。』我詢問負責帶他的員工，那位員工回我：『我才想對他說少得寸進尺。』」

我：「具體來說，是發生了什麼狀況？」

經營者：「負責帶他的員工無奈的說：『我教了他很多次。只要他一犯錯，我就指出問題，他卻說我沒教他。我才想對他說少得寸進尺。』」

我：「明明已經教了他很多次，卻還是不斷犯下同樣的錯誤，甚至還說沒有人教他嗎？」

經營者：「是的。負責教他的是值得信賴的員工，所以我相信他的說詞。但以防萬一，我也再教一次正確的做法，然而那位有問題的員工後來還是出錯，我當下提醒他，他卻說：『你沒有教過我，我是第一次聽說。』跟負責教他的人描述的狀況一模一樣。」

我：「明明有教過他了，他卻說是第一次聽說？」

經營者：「沒有錯。這樣一來，不管教了他多少次，他都沒辦法確實完成工作，不是嗎？我該怎麼辦才好？其他職場通常會如何教育這樣的員工？有辦法培訓他嗎？」

我：「我可以理解你非常困擾，但先稍微冷靜下來思考。從結論來說，他是有辦法培訓的，不過我認為，必須持續進行教育訓練。」

經營者：「其實還有另一位讓人傷腦筋的員工。雖然他至少會反省，像是指出問題後，他會說：『很抱歉，我又犯錯了，我會再注意。』表現出檢討的態度，但之後仍犯下相同的錯誤。再提醒他後，他又會很真誠的道歉、看似有在反省的樣子。可是，又一再發生同樣的錯誤，並不斷的惡性循環。他明明說會反省，要求他再注意時，感覺他有聽進去，卻仍沒有改善。」

我：「他應該還記得你之前是怎麼教他的吧？」

經營者：「是的，他還記得，但他的情況是我提醒了他，他才想起來。所以，他和前一個提到的員工不同，不會說我不知道或沒人教他之類的話，卻仍持續犯下一樣的錯。」

我：「原來如此。聽你這麼一說，我認為這兩位的問題不太一樣。」

經營者：「是不同類型的問題嗎？」

我：「第一個案例是，不管教了幾次都會說：『沒有人教過』、『我第一次聽說』。我認為這跟認知能力當中的記憶力有很大的關係。」

經營者：「的確，我能感受到他的記憶力有問題。」

我：「第二個案例是一旦被提醒，就會想起之前學到的事。因為他記得之前被提醒過，所以不是完全忘記，但他還是會犯下相同的錯誤，而這跟後設認知能力有關。」

經營者：「後設認知嗎？我有點無法想像。」

我在此根據不斷犯下同樣錯誤的兩起案例，說明關於缺乏記憶力和後設認知能力的問題，並提供相關的應對方法。

不斷犯下相同錯誤算是嚴重的問題。前者的案例是當事人明明已經學過，卻聲稱是第一次聽到；後者是當事人被指出問題後才想起來，所以問題還算不大，跟前者不一樣。

第一個案例中，當事人連學過這件事都忘記，這與記憶力有關。這個情況可想而知是認知能力的問題，必須下點工夫來處理。**既然本人想不起來，也就是沒有記憶，那麼跟他爭辯「明明教過好幾次」也沒有意義**。在此需要的不是責備，而是如何補強記憶力。雖然關於認知能力的問題，在本書第一章提過，但在此希望讀者能重新回顧。

想改善健忘的問題，必須針對留下記憶的方法下點功夫。

容易遺忘，是因為缺乏注意力。你可能曾有類似的經驗：和他人交談後試圖回想對方說過的內容，卻幾乎想不起來他說了什麼。可能是因為你在談話當下心不在焉，所以大都分的對話內容沒有記在腦海裡——只用耳朵聽、不集中意識仔細聽對方說話，就沒辦法留下記憶。

員工的記性差，可能是因為沒有全神貫注的聽他人說話。為此，**主管向員工提供工作建議時，也必須告誡他集中精神聆聽**。

記憶力不好的人，在保存記憶方面也可能出問題。為了改善，**須養成經常做筆記的習慣**。

或許當下還記得，但到了隔天、過了好幾天後就忘了——任何人都可能如此，更何況是記憶力差的人。因此，容易健忘的人應該時常把接收到的訊息記下來，並偶爾回頭確認。可以寫在紙上或輸入在電腦或手機上，但為了能把筆記貼在桌上、隨時參考，我建議寫在紙上。

後者的案例則是與缺乏後設認知有關：不管提醒了他多少次，或重新教了好幾遍都能想起來，卻還是會重複發生同樣的錯誤。就算他承認自己犯錯並感到抱歉，仍舊不斷犯下一樣的錯。**這是因為他沒有確實的正視自己為何會犯錯**，沒有從為什麼我會犯錯的這個觀點，來回顧或確認自己的做法。也就是說，**沒有發揮後設認知的監督功能**。

上一節內容提到的鄧寧和克魯格認為，就算成績不好，只要好好鍛練理解能力，即使一開始沒有發現自己的問題，自我認知能力也會進步，並意識到自己的問題。

另外，根據介入性實驗（譯註：透過特定的干預措施來觀察其對研究對象或環境影響的實驗方法）得到的結果，證明藉由閱讀可以鍛鍊認知能力，對於自我的過高評價也有減少的傾向。

有很多研究顯示，閱讀有助於提升讀解力、提高自我認知能力，甚至有效發揮後設認知能力，擺脫「自以為明白了」的狀態。

前述方法是指藉助於閱讀提高認知能力，進而了解自己的現狀，但其實還有更直接訓練後設認知能力的方法。

心理學家德爾克羅斯（Delclos, V. R.）與哈林頓（Harrington, C）針對提升後設認知的監督功能實施了訓練。在訓練當中，他們提出「有仔細解讀問題嗎？」、「有找到解決問題的線索嗎？」等問題，引導受試者仔細思考問題及解決方法。結果發現參加訓練和沒有參加的組別相比，成績明顯的進步了許多。

總而言之，像這樣改善後設認知的監督功能，可以促使人們在面對問題時，仍不慌不忙的思考，且有助於回頭檢視、認識自己的能力。

在這個實驗中，心理學家詢問受試者問題，促使後設認知的監督功能提升。而詢問他人問題也能替換成自問自答，並應用在帶人上——**經營者或主**

管可以提醒員工或部屬，養成隨時在心中自問自答的習慣。例如問自己：「這個作業該如何進行才有效率？」、「自己真的有按照學到的方法行動嗎？」要是出了差錯，則問自己：「是哪個部分無法持續進行？」、「之後必須注意什麼地方？」以避免再次犯下相同的錯誤。

5 入職超過半年，卻都沒進步

在職場上，如果有員工的工作能力差，本人還認為自己很能幹，會帶給周遭同事很大的麻煩；不過也有員工雖然自覺能力不足卻從來不改善，也無法把工作做好。

某位主管手底下就有這種部屬，以下是我和那位主管的對話：

主管：「起初我以為她是個謙虛的人，對她有很好的印象。她一開始犯錯，同事指出她的錯誤、提醒她時，她會回覆：『不好意思，我抓不到工作的要領，一直在扯大家後腿。』、『工作比想像中還要不熟練，我很抱歉。』因為她用聽起來很過意不去的口氣來表現她在反省，我還想現在這個時代，難得遇上如此客氣的年輕人。但過了很久，她還是這個樣子。」

我：「這個樣子是指？」

主管：「入職超過半年以上了，她還是沒辦法獨當一面。」

我：「通常過了半年左右就能獨當一面嗎？」

主管：「獨當一面是我說得誇大了一點。我指的是，不會犯簡單的錯誤，且不必問其他人，自己就能完成基礎的工作。通常入職後一個月，能做到這個程度。而她就算過了半年，仍會犯下新人常犯的錯。被前輩指出問題後，她會說：『不好意思，我不太會做事，一直在扯大家後腿……。』坦率的承認不足之處、表示會反省，卻仍不見改進。」

我：「她能坦承自己不太會做事，但仍沒有解決問題嗎？」

主管：「是的。我很好奇是怎麼一回事，所以我另外和她個別談話，想找出背後是不是有特別的原因。但是，什麼都沒有……。」

我：「沒有特別的原因嗎？」

主管：「對。她只會在嘴上說要反省。個別談話時她也說：『我一直都很在意自己不太會做事，經常在扯大家後腿，真的很抱歉……。』我很想對她怒吼：『如果真的這麼想的話，就差不多該學會了！』但我努力忍住了。不管她再怎麼反省，從來沒看到她改善。」

我：「這個樣子的確很令人困擾。」

主管：「如果知道自己工作不順利，通常會認為不能再繼續下去而感到焦慮，然後拚命的跟上大家，不是嗎？」

我：「既然自覺做事不夠精明，帶給周遭麻煩的話，通常會想要做好，成為不扯後腿的人。」

主管：「對呀！但看她這個樣子，只會感嘆自己不會做事，不禁會懷疑她是不是根本不想學會。不過，也是有這種人吧？不想成為會做事的人。」

我：「我不清楚那位員工怎麼想，但就算有心覺得『我想成為能幹的人、我必須變得更精明』，也得明白該怎麼做，才有辦法成為會做事的人。」

主管：「她會認為自己必須成為會做事的人嗎？的確，不思考自己該怎麼做才會變能幹，便無法進步。一般人通常在工作的同時逐漸培養工作能力，為什麼她做不到？」

我：「利用累積的經驗，逐漸變得能幹的人，通常會一邊思考自己為什麼工作不順利？哪裡出了差錯？哪個部分得再學習？為此還須注意什麼？一邊來改善工作方式。」

主管：「是的。但她沒辦法做到這點。」

我：「至於不管過了多久，都沒辦法進步的人，則是因為**沒有回頭檢討自己的不足之處，所以不會發覺這些問題**，導致無法改進。面對這類部屬，跟其他放著不管就自然而然做到的人不一樣，必須安排教育訓練促使她成長才行。」

主管：「原來如此。至今為止的員工都是屬於能自然成長的人，所以我也沒意識到這點。她自己不回頭檢視自己，就難以改善問題。」

我：「所以，主管要做的就是幫助她察覺自己的問題。」

主管：「這需要花時間處理。」

我：「還有另一件事需要留意。」

主管：「什麼事？」

我：「總是感嘆自己什麼都做不好的人，可藉由向他人吐苦水，來放鬆心情、消除因為『做不到』而在心中產生的疙瘩。」

主管：「吐苦水就能讓放鬆心情嗎？」

我：「對，**適度的自我揭露有助於緩解焦慮**——不論是關於對他人的不滿或擔心的事，你也曾有和某個人聊過後，心情變輕鬆的經驗吧？」

主管：「的確曾有過這樣的經驗。」

我：「例如，對於主管的態度感到不滿、鬱鬱寡歡的時候，在向同事抱怨後，心情上多多少少會放鬆一些。即使主管的態度沒改變，但當你宣洩心中的不平，還是能舒緩情緒。這就是自我揭露的淨化作用。」

主管：「原來如此，我可以理解，只把想法抒發出來就能放鬆心情。」

我：「發洩不只限於對他人的不滿或擔心的事。覺得自己不精明、總是帶給周遭負擔，這樣的想法一直在腦中縈繞便會感到痛苦、難過。把這樣的不安向他人宣洩出來，就能放鬆心情。明明什麼問題都沒有改善，可是卻減輕了痛苦。」

主管：「什麼都沒有改善的話，不是很令人困擾嗎？」

我：「沒錯。正因為如此，主管才需要引導她注意自己當前的問題，並促使她改善。」

後來，我給這位主管幾項具體的建議：

這起案例的當事人，總是向他人哀嘆自己沒出息，並藉此抒發情緒。抗壓性較低的人，產生自己不會做事或對周遭造成負擔等沉重的想法時，便會感到無法忍耐，所以會選擇像這樣的方式來讓心情放鬆。

但就算減輕了心情上的負擔，也無法改善任何事。向他人抒發心情後僅一時遠離負面情緒，自己不會做事的這個現實狀況則一點進展也沒有，接著又會馬上陷入心情鬱悶的惡性循環裡。

重要的是，改善工作方式、把事情做好，不再造成身邊同事的負擔，才能真正走出負面情緒的泥淖。抗壓性較低的人總是搞錯把事情變輕鬆的方式。

首先，必須讓部屬領悟到這件事。一步一步來就可以了，隨著每次從工作中學習，逐漸的獨當一面，心情上也會因此豁然開朗。身為主管必須以此為目標來跟部屬對話。

部屬理解這個最根本的問題後，主管接著須引導他，探討為什麼工作不順利？是哪個步驟不對嗎？來回顧並掌握部屬目前的狀態，讓他發揮後設認知能力。

讓部屬了解當前的狀態有問題，再引導他思考應做好什麼工作，而為此須注意什麼——如此一來，就能向後設認知的自我管理更進一步。

後設認知的自我管理是指，藉由後設認知的監督功能檢視現狀，以努力改善現在的狀態，改進處理工作的態度。

6 把錯都怪到職場氛圍

日本人的生活方式跟強調個體的歐美人不同，注重的是人與人之間的關係。在工作方面，不只在意工作本身的內容，也會重視職場的氣氛或人際關係。因此，時常發生對於工作本身沒有不滿，但和職場的氛圍不合等事。

不過，有不少情況是當事人對於處理工作的態度有問題，而導致自己和職場的氛圍不合。正因為沒有發揮後設認知功能，所以當事人也不會發現。

有位主管正在煩惱怎麼面對發生前述情況的部屬，以下是我和他的對話：

主管：「之前經常一臉不滿的部屬跟我說有事想跟我談，所以安排了時間跟他個別面談。結果，他說對工作本身沒有意見，可是職場的氣氛很差，讓他沒有動力工作。」

我：「職場的氣氛嗎？」

主管：「對。他說自己若在職場氛圍不錯的環境，就會產生幹勁努力，但現在的職場氛圍無法促使他提升工作動力，也會隨便打發主管指派的任務。他很討厭這樣的自己，希望我能做點什麼來幫他。」

我：「具體來說，他對職場氛圍的哪一點感到不滿？」

主管：「他說有一個愛嘮叨的資深女員工，什麼都要管，一直盯著大家，使工作氣氛變得很糟。他還說：『每次我只要犯錯，那個女怪獸就像是要立大功一樣來指責我。而且每天都會緊迫盯人好幾次。』」

我：「那位資深女員工一直緊迫盯人，還一一挑剔每個工作嗎？」

主管：「我至今以來都沒有聽過這種事，所以我各別詢問其他同事對公司有什麼想法，並說不用客氣儘管提出來，但都沒有人提到職場氣氛很差或有很囉唆的同事。反倒是不少人提到職場氛圍融洽，讓工作順利等。」

我：「那位部屬和其他同事對於公司氛圍，抱有不一樣的想法嗎？」

主管：「對，所以我為了搞清楚是怎麼一回事，特別選了兩位值得信賴的同事，各別告訴他們有人來找我商量，談到公司氣氛很差，害他沒有動力工作，詢問他們對此有什麼頭緒，結果兩個人都說：『這不是指A嗎？』」

我：「兩個人都認為對公司氣氛感到不滿的是指A，這或許代表發生了什麼事？」

主管：「對，於是我請他們說明是怎麼一回事，他們說A工作時總是不得要領，再加上他出錯的原因都跟不夠細心有關，其他人須時常提醒他，特別是輔導他的同事B很熱心的教導他，但有時會看到A明顯的表現出覺得B很囉唆的樣子。」

我：「這麼一來，是因為A不擅長掌握工作的要領，再加上容易粗心，時常被B提醒，A卻認為自己老是被針對，還覺得B很囉唆，搞得公司氣氛很糟糕嗎？」

主管：「就是這樣。再加上，要是被他人指出工作上的錯誤時，其他部屬會真誠的說：『很抱歉，我之後會注意。』A則會表現出不滿的態度，結果提醒他的人也會因此感到火大。總之，我覺得A的溝通能力很有問題。」

我：「原來是這樣。聽你這麼一說，與其說是公司本身的氛圍有問題，不如說是找你訴苦的A，對於輔導他的B以及其他人的溝通上有問題？」

主管：「我只能這麼認為，你覺得呢？」

我：「的確，他的溝通能力差是事實。但我認為這背後的原因，是A沒有察覺到自己的問題，也就是沒有發揮後設認知的作用。」

接下來，我跟這位主管說明有關覺得公司氣氛不好、沒有動力工作的A所控訴的問題，與後設認知有什麼關聯。

一般來說，溝通上的糾紛比起是其中一方有問題，相互作用引發的衝突較多。這個案例中，主要問題是圍繞著A認為職場氛圍很差。但造成氣氛不好的原因，是因為A頻繁犯錯，且被他人提醒時態度不佳所導致。所以針對這點對症下藥，才能改善職場的氣氛。

那麼，具體來說該怎麼做？

首先，我認為A是因為缺乏後設認知，所以才造成公司氣氛不好。建議

利用對話來引導他發覺這點。

例如，他本人的控訴中提到：「每次我只要犯錯，那個女怪獸就像是要立大功一樣來指責我。而且每天都會緊迫盯人好幾次。」他提到每次自己犯錯時，就會被人誇大檢視。這的確讓他的心情變差，但如果每天發生好幾次類似的情況，就代表他經常在工作上犯錯。要是身邊有個不管提醒了好幾次，仍不斷犯錯的部屬，主管或同事會是什麼樣的心情？主管必須讓他設身處地的發揮想像力思考。

接著，引導他回顧感到職場氛圍不好的當下情況。為什麼會覺得工作氣氛差？為什麼每天會被指責好幾次？為什麼提醒自己的人感覺心情很不好？總之，要求部屬發揮後設認知能力，**回頭思考自己被指責的當下，讓他站在對方的立場**，想像如果須每天不斷提醒他人，會產生什麼樣的心情。

甚至，指引他回想被糾正錯誤時，自己做出了什麼樣的反應。

藉由發揮後設認知，讓他意識到為何自己會感到公司氛圍不好的理由，像是以下兩點：

・自己的錯誤率非常高。
・被他人指出錯誤時，自己的態度很不好。

若他沒有自覺到這兩點，一直認為提不起勁，是因為公司氣氛不好的話，那麼他永遠不會產生動力。

要是他意識到認為公司氣氛不好的主要原因，是因為自己的錯誤率太高、被他人指出問題時的態度不好等，就可以往改善狀況邁進一步。

接著，主管須讓他降低自己的錯誤率。但因為不可能馬上減少犯錯的情況，也應提醒他要是出錯的話，馬上說：「很抱歉，我之後會注意。」表現出道歉與想改善的誠意。累積許多經驗後，他便知道該注意什麼事，和當初抱怨公司氛圍不好的時期不同，在工作上保持動力、集中精神。

當然，部屬不可能迅速提升工作能力，就算跟平常一樣多少會出錯，至少讓其他同事看到當事人努力減少錯誤的態度，便能期待A在公司中感受到氣氛好轉。

7 一直在學，卻考不到證照

即便認真學習，也不一定能把工作上需要的知識記在腦海裡。世上也有人明明非常賣力讀書，仍無法通過考試、取得執照。若身邊有這樣的部屬，你自然會想支持他，幫助他成為公司的戰力。這時該如何是好？關於這點，請參考以下我和某家企業經營者的對話：

經營者：「我有個很令人在意的員工。她很認真學習，在所有員工當中相當少見，卻很難做出成果。」

我：「這是什麼意思？」

經營者：「在我們這一行若想獨當一面，須取得相關執照。她非常認真，也能強烈感受到她想成為能幹的人，下班回家後很努力的準備考試，卻一直無法通過考試、取得執照。」

我：「她很專注的準備考試嗎？」

經營者：「是的。同事也稱讚她很認真，總之為了幫助她取得執照，大家都願意協助她，像是利用午休時間解說考古題，或提供她很多建議，但還是很不順利。」

我：「連前輩都如此協助她，代表她的人緣相當好。」

經營者：「她也很認真的面對工作，對人的態度又誠懇，所以才會覺得她那麼努力卻沒拿到執照很可惜。因為一直無法考取執照，她最近開始會說：『我真的很笨，都開始討厭自己了。』有種自嘲的感覺，或說：『我或許不適合這份工作。』很令人擔心。」

我：「明明獲得這麼多支援，卻無法通過測驗，看來她相當焦慮。」

經營者：「看她平常工作的樣子，我認為她並不笨。她幾乎可以記住工作上的所有內容，我也能安心的交派任務給她，也有其他值得稱讚的地方。她的腦袋不笨，我猜她只是不擅長面對考試，這該如何是好？」

我：「她對於工作很熟練，所以絕對不是她不聰明，只能推測她可能不擅長應對考試。」

經營者：「我是這麼認為的。話說回來，她曾說過自己高中和大學都是透過推薦入學，從來沒有為了考試而學習。跟這有關係嗎？」

我：「她沒有為了考試而念書的經驗嗎？或許因為如此，她才無法掌握準備考試的技巧。要讓應考對策發揮效果，須全力運轉後設認知功能。」

經營者：「這麼一說的話，我過去也很不擅長準備考試，完全束手無策。該如何解決這個難題？」

學生時期成績很好的人，確實發揮了後設認知功能；反之成績不理想的人，後設認知則沒有確實起作用。而大部分成績不好的人，不具備與後設認知相關的知識——怎麼做才能學會？如何有效的準備考試對策？怎麼在考試當中拿到好成績？

當學生缺乏這些知識，便會在學習上出現各式各樣的障礙，很難有效的應戰考試。因此，了解與後設認知相關的知識，在任何學習活動中都能成為關鍵，以下整理給大家：

- 先意識到接下來自己要學習什麼，再學習。
- 為了確實牢記重要的資訊，確認自己是否記得，再針對記不起來的內容重複練習。
- 閱讀教材時，一邊自問自答是否準確的理解，一邊讀下去。
- 看書時，一邊意識哪裡是重點，一邊閱讀。
- 在教科書上重要的地方畫線。
- 把應該記住的用詞用螢光筆標示。
- 從應該記得的事項當中思考各自的意義，一旦具體的想像浮現在腦海中，隨著深入理解其含義的同時，也能加深記憶。
- 所有資訊都死記硬背下來的話，反而難以深入思考、妨礙理解。
- 重要的地方要一邊意識到理解程度，一邊緩慢的閱讀。

- 仔細反覆的閱讀難以理解的部分。
- 出現難懂的地方，就試著畫圖表理解。
- 把學到的內容跟他人說明，便能加深理解。
- 把學到的內容跟他人說明，能清楚的掌握自己理解不夠充分的地方。
- 把學到的內容透過提問來加深印象，也能加強理解。
- 把教材中重要的地方摘出要點，抽出關鍵字，促進學習的同時，讀解力也會提升。
- 寫問題集時，避免不停的解題，而是在心中自問自答，像是「我正在追求什麼？」、「我寫出這個答案真的沒有問題嗎？」等。
- 為了整理腦中的想法，試著條列式寫出來或圖解。
- 透過和實際生活連結，以理解抽象概念。
- 藉由做出重點整理手冊來加深印象，以提升成績。
- 先搞清楚不擅長的部分，在考前複習時再多花時間練習。
- 多做練習問題，把握弱點、克服弱點。

- 不斷練習答錯的題目，就能克服弱點。
- 若難以理解題目，試著用自己的說法了解問題。
- 回頭確認自己寫的答案，防止因為自己的疏忽而失去分數。

讀書時發揮後設認知，回頭確認自己的學習方式，可說是有效提升學習效果的重要關鍵。所以，像是明明很認真用功了，卻難以通過測驗、取得執照的案例，背後原因出自於效率低下的念書方法。

在腦海中記下前面提到的後設認知學習法，並在讀書時實踐，便能提高學習效率。

即使一個人的智力不高，但他知道如何應用後設認知，解決問題的能力便會提升。這在與後設認知能力有效性的相關研究中也被證實，對於提升學習能力來說，後設認知是有力的武器。

對於認真準備考試，卻一直考不到執照的人，必須把與後設認知相關的知識告訴他，並引導他時常注意這點，以有效率的學習。

本篇案例主角很勤奮的準備考試卻看不到成果，很可能是因為學習方式有問題。只要發揮後設認知，改善過去的學習方式，才會提高通過測驗的機率。因此，主管可以指引她在學習時，意識到前面與後設認知相關的重點。

8 固執的只相信自己的判斷

就算一起工作的人覺得某位同事很聰明，也不代表能安心的把工作交辦給他。有的員工不擅長客觀的判斷事物，只吸收對自己有利的資訊。明明是有能力的員工，判斷能力太弱是他唯一的缺點。

有一位經營者就有像這樣的部屬。經營者對此非常苦惱，以下是我和他的對話：

經營者：「這個部屬也不是有問題，倒是覺得因為他有能力，才煩惱該怎麼辦才好。他記住了大部分的工作內容，交辦給他的任務也能有效率的完成，我認為他相當聰明，但在重要的時刻判斷錯誤……。」

我：「他很聰明又有能力，卻在重要時刻判斷錯誤，這是怎麼一回事？」

經營者：「這不只發生過一、兩次。他非常能幹、也具備溝通能力，過去能安心把事情吩咐給他，後來錯誤卻變得明顯。」

我：「你是指把工作交辦給他後，明顯開始犯錯？能不能稍微再更詳細的說明？」

經營者：「好的。他在前輩的指示下行動時，樣樣精通、非常能幹。但當我覺得他沒有問題，可以交派任務讓他單獨完成時，卻錯誤百出。」

我：「你說錯誤百出，具體而言是怎麼樣的錯誤？」

經營者：「是判斷錯誤。他明明知道在判斷問題時，閱讀相關資料後就能知道有哪些地方須再更小心、自己的做法會帶來什麼樣的風險，卻什麼也不在乎就執行了。」

我：「我沒辦法想像你描述的狀況……具體來說是指什麼事？」

經營者：「他很有能力也很有幹勁，但想法似乎有點固執，令人懷疑是不是因為這樣，才發生判斷錯誤的情況。」

我：「你是指他因為想法固執而造成判斷錯誤嗎？」

經營者：「對，我是這麼認為的。最近也是**下了錯誤的決定後還執意進行工作**，明明有數據或資訊顯示他的決定會引起糟糕的結果，要是像以前一樣有前輩在一旁帶著他的話，應該已經改變做法。這次不知道為什麼他繼續進行下去，明明可以邊參考資料邊工作，但他沒有這麼做，所以沒意識到再繼續進行下去會很不妙。」

我：「明明有數據或資訊顯示進行下去會很不妙，但不知道他為什麼沒有停手嗎？」

經營者：「是的。我問了在身邊看著他的前輩，他們說：『我有給他參考資料、指出問題，和他說最好檢討一下再做決定，他卻完全不在乎。後來我再次提醒他，他卻回一直在意那些資訊，工作會沒辦法完成。』」

我：「他的態度相當強硬。」

經營者：「所以我找他談話，問他為什麼明明有數據顯示不建議這麼做，卻執意進行？」

我：「你直接向本人確認了。那他怎麼回答你？」

經營者：「真是敗給他了。他說：『我不相信那些情報。無論做什麼事，我認為相信自己才是最重要的。』」

我：「不相信那些情報？是指不相信對於自己的做法不利的資訊嗎？」

經營者：「你也會這麼認為對吧？我才知道怪不得他總是自信滿滿的樣子。實際上他的確很聰明，但態度太過於霸道了。」

我：「相信自己當然很重要，但檢討也很重要。特別是在做生意方面。」

經營者：「對呀。不小心判斷錯誤，就會造成巨大的損失，甚至失去客戶對公司的信賴。」

接著我向這位經營者，解說了這類型的人容易**陷入確認偏誤**（Confirmation Bias），以及指引這位員工發揮後設認知的必要性。

每個人都會有判斷錯誤的時候。事後檢討時，也會對於自己為什麼之前沒發覺判斷錯誤而感到不可思議。這點跟確認偏誤的心理機制有關。

例如，手邊有一份數據顯示，自己正打算進行的策略是有風險的，可是卻假裝沒看見而執行。是什麼蒙蔽了雙眼？正是確認偏誤。

確認偏誤，是指忽視威脅自己或不利的資訊，選擇吸收有利觀點的認知傾向。若沒有意識到這點，很容易做出嚴重的錯誤判斷。因此，必須時常把這個觀念刻在心裡。

假設，有一個人打算買新車，他猶豫要買T公司的A車還是H公司的B車，煩惱到最後他決定買B車。即使他後來在型錄上看到N公司的C車，甚至還實際到汽車展看了C車，仍會排除在候補之外。

如此一來，那個人對於廣告的態度出現了偏見。根據心理學的調查，也證明了此事。也就是他買車後，對於廣告的反應會產生巨大的偏好。但當事人是無意識採取這樣的行動，所以他不會注意到這樣的偏見。

舉例來說，若他最後猶豫的是A或B這兩個車種，而且特別把這件事放在心上，當報紙或雜誌出現相關廣告時，他便會立刻發現。至於因為沒有關注C車，所以就算看到C車的廣告也會忽略。

甚至，相關研究調查了受試者在注意到A、B、C車的廣告時，有沒有閱讀廣告文案，結果是幾乎都會閱讀B車的文案、C車廣告則是有注意到的話僅大略讀一下、A車廣告則是雖然經常看到卻不會主動了解。

由此可知，他會因為自己購買了B車，而喜歡閱讀它的廣告文案，反而猶豫到最後決定不買的A車，則盡可能的避開看它的廣告。這也表示，**人們會無視對自己不利的情報**，一直把目光集中在有利的資訊上，接觸資訊的方式也會扭曲。

這個情況的關鍵是，各個廣告會放上許多商品的賣點。因此，當受試者每次看到B車的廣告時，就會確認那臺車的優點，並感到安心：「決定買B車真是太好了。」讓心情變得很好。

另一方面，要是讀了A車的廣告，會開始在意A車的優點：「或許我當初應該買A車比較好。」不安的思緒在腦中擴散開來，使心情變得很差。

如同前述，我們都可能會產生確認偏誤，傾向吸收讓心情變好的消息、讓自己的判斷正當化的資訊，也就是只偏好專注在對自己有利的情報，反之對自己不利的內容，則盡可能裝作沒看到。

因此，購買新車後，接觸廣告的反應有所偏差的例子，可以認定是為了扭曲自己的決定認知。但比買車這個例子更嚴重的是，像前面提到的案例，員工須馬上下判斷時，卻只把目光朝向有利的情報，無視不利的資訊。馬上注意到與自己想法相符的證據，但出現反對、矛盾的意見時，卻又把雙眼閉起來，這就是確認偏誤。

例如，手邊的市場調查數據或財務報告顯示，自己接下來要採取的策略非常危險，卻連看都不看，就算看了也馬上遺忘；只在意對自己有利的情報，下了忽略風險的決定，或很顯然錯誤的判斷。

為了防止做出錯誤的決定，我們必須時常意識到，人們會有只把目光投向有利的情報、忽視對自己不利的確認偏誤。當你開始注意這點，行動前便能集中注意力蒐集所有情報，其中也包含不利的資訊。

任何人都有可能掉入確認偏誤的陷阱，主管可以在員工或新人教育訓練時介紹，如此一來應該能減少犯下相關錯誤的機率。

也得告訴部屬，為了避免自己陷入確認偏誤的狀況，必須一邊監督自己，一邊執行工作。了解確認偏誤的同時，發揮後設認知作用的監督功能，就能確實減少判斷錯誤的次數。

第三章

容易受挫、感情用事

1 能力不錯，但沒有野心

有的部屬雖然會完成被指派的工作，但主管不繼續下指令，就不會主動做事。有位主管對這樣的部屬抱有期待的同時，難免產生焦慮的心情：

主管：「我有一個煩惱，就是我有一個部屬，他……。」

我：「他有什麼讓你很在意的地方嗎？」

主管：「對。他也不是特別在工作上造成什麼麻煩，只是希望他能多做點什麼。」

我：「你所說的多做點什麼，具體來說是什麼事？」

主管：「我也不是對他工作的樣子感到不滿。他會確實完成任務，錯誤也不多，沒有什麼特別的問題。但該怎麼說，看到他就會不自覺感到焦躁。」

我：「比方說是什麼時候？」

主管：「我想想……不是因為他做事不熟練，也不是因為他想的不夠周到才覺得火大……。」

我：「是從什麼時候開始，對他感到焦躁？」

主管：「他剛入職時還沒有這種感覺，應該是三個月前，我開始對他感到焦躁。」

我：「三個月前開始嗎？那時開始他有什麼變化嗎？或你對他的看法有什麼樣的改變嗎？試著回頭從他最一開始進公司來想如何？也就是他剛進來到現在的過程。」

主管：「我想想。總之他的記憶力非常好。從新人時期開始吸收工作的速度就很快，當時我還感嘆，有能力的年輕人進了公司。我會這麼想，也是因為前一年曾經遭遇到很慘的情況。」

我：「很慘的情況？」

主管：「對。無論我們怎麼仔細的教導前一年的新人，他一直沒辦法變得熟練，真的很傷腦筋。但即便如此我們還是保持耐心的指導他，正當覺得可以把一部分工作交辦給他時，他卻突然提辭職。因為有這樣的經驗，所以後來當新人入職、這麼快就熟悉工作，讓我鬆了一口氣。」

我：「原來是這麼一回事。」

主管：「他進公司後差不多過了一個月，就幾乎能記住所有須學會的工作，成為公司的戰力之一。現在突然想到，我應該是對他沒有野心這件事感到不滿？」

我：「沒有野心是嗎？稍微再更具體一點來說，是什麼情況？」

主管：「他很快的記住工作流程，可以很安心的把事情交辦給他……然後就沒有後續了。自從他能完成工作的最基本要求後，他也沒有變得更厲害，似乎也不想再吸收其他知識。」

我：「缺少追求更多的欲望嗎？」

主管：「沒錯。我對於他能獨自完成任務感到安心，他卻沒有再往上成長。我發現到自己的焦躁感，正是原本的期待造成的。明明覺得他可以再成長，可是至今還是維持現狀，所以我才為此感到焦慮。」

我：「因為你對他的期待很高吧？」

主管：「依他的能力來看，他有可能成為更出色的人。而且只要他再學習更多知識，就能針對工作方式下更多功夫。雖然很希望他擁有追求更多的欲望，但他似乎缺乏野心。」

我：「明明希望他能充分的發揮能力，但當事人沒有野心，成長就此停滯。所以你希望能找個方法解決嗎？」

主管：「沒有錯。我覺得他明明有能力卻不活用，相當可惜。但也不能忽視他的心情，強迫他接受更多的任務，也擔心身邊的人誤會我在欺負他，可就麻煩了。」

我：「那就得刺激一下當事人的心態，讓他產生野心。」

主管：「說的也是。他不改變自己的心態，就算我再怎麼焦慮也沒用。」

我簡單跟這名主管說明如何協助部屬創造動機，以及如何跟他相處。討論的概要整理如下：

充分發揮潛在能力的人和沒能發揮的人有何不同？決定性的差異就是創造動機，也就是所謂的動力。

動力較高的人，會想盡自己的所能，努力做到最好。甚至隨著期望自己進步的想法變得強烈，開始往上追求更多。另一方面，動力較低的人，學到了最基本的工作後，也不會渴望更高的位置。結果，在沒有造成麻煩的範圍內，產生像是「這樣簡單處理就好了」等，以隨便的心態做事的狀況。沒有野心的人，正如同後者的敘述，動力很低。

為了改善這個問題，必須提升他的動力。

動力屬於非認知能力的其中一項。非認知能力會極大的影響到能力發揮的成效。已經熟練工作的人是否充分發揮自己的能力？有沒有順利開發潛在能力？這都依靠動力來決定。

那麼，該如何提升動力？

有各式各樣的因素會影響動力。案例中的主管跟部屬其人際關係非常良好，從雙方建立信賴關係來看，可成為提升動力的關鍵。

以美國為中心發展的動機理論中，往往容易忽視人際關係，在日本卻成為影響動力最大的原因。根據日美比較的研究裡，可得知美國人會為了自己而努力，相對的日本人則會為了他人努力，也就是為了不要背叛他人對自己的期待而付出的傾向較強烈。

為了讓家人或老師理解自己、為了不讓師長失望所以努力，這種心態不論是在念書、社團活動或學習才藝等，每個人在小時候都應該經歷過。同樣的，也有人為了不背叛主管對自己的期待，所以努力工作。

我給這位主管一個建議，就是不要只對部屬投向期待的目光，**而是有意識的、清楚的把期待他能做到的事傳達給他**。

若當事人本身缺乏動力，主管就有必要**利用人際關係來刺激他的動力**。但要注意的是，若使用命令的口氣或強制他去做的話，會帶給對方「被強迫」的感覺，說不定反而會降低他的動力。因此，必須思考、研究能刺激動力的方法。

例如，如果當事人沒有「我想變得能做到某件事」等目標，主管能以表示期待的方式來設定目標，像是「如果你能做到某件事，我會感到很欣慰」。對於沒有野心、不追求成長的人，**可設定具體的目標**，若成功達成，再設定新的目標給他，以這樣方式來促進成長。

以本節的案例來說，主管要是對部屬表明對他的期待：不只完成被交辦的任務，還能自己計畫專案、教後輩工作等，為此他就能迫於需求吸收相關知識，工作心態也會變得積極進取。

2 沒有做出成果就意志消沉

不知道從什麼時候開始，常聽到有人提到「內心受挫」這個詞彙。我記得過去很少使用這樣的表現方式，可見在這個時代，容易受傷的人越來越多。

明明覺得自己很努力卻交不出成果，任誰應該都會心情低落。這不只限於工作，在學生時期面對考試念書或社團活動，每個人都有體驗過。不過，這世上有些人會對此表現出過度的消極反應。

似乎有不少主管或經營者，對於員工容易意志消沉而感到不知所措。以下是我和一位主管，談論關於過於垂頭喪氣的部屬的對話：

主管：「當我聽說關於極度容易情緒低落這件事，就在想該不會是在說我的部屬。她非常認真，也很有幹勁，由於經常展現積極進取的態度，我也對她抱有期待，但一旦工作出現不順利的狀況，她的心情就會變得相當消沉，令人感到困擾。」

我：「當她做事不順利時，情緒就會過度低落嗎？」

主管：「是的。她平常很開朗又有精神。不管做什麼事情都非常積極，總是幹勁滿滿的執行任務，算是相當優秀的員工。然而，當她處理設有明確目標的工作時，如果能順利達標的話就沒有什麼問題；不順利時，她便會悶悶不樂。」

我：「不過，任誰不順利的時候多少都會心情低落，她意志消沉的程度，嚴重到影響了工作嗎？」

主管：「是的。具體來說，她嚴重時會表現出茫然、心不在焉的樣子，向她搭話時，會看到她神情恍惚的模樣，令人傷腦筋。」

我：「是因為事情進行得不順利，所以受到打擊而出現這樣的反應嗎？」

主管：「依這個狀況來看，我是這麼認為。她平常明明總是充滿幹勁，遇到事情不順利的時候，卻變得如此意志消沉。」

我：「既然她平常充滿幹勁的話，就算她心情低落，也會在短時間內恢復、變得積極向前吧？她通常會花多少時間恢復心情？」

主管：「她其實拖滿久的。如果失落只維持短時間的話倒還好，但嚴重的時候，她幾乎一週無法做事、感覺沒在工作，一直在發呆。她還曾因為被指責，從隔天開始請假好幾天。」

我：「這麼誇張嗎？不只一時的情緒低落，甚至還影響了好幾天，難怪會帶給公司麻煩。」

主管：「對啊。真的很令人煩惱。」

我：「意志消沉的程度的確很極端。」

主管：「所以才令人困擾。我想她也很痛苦。所以我很煩惱是否能幫她什麼忙……可是她的意志太薄弱了吧？」

我：「事情不順利的時候，任誰多少都會一時情緒低落，通常過了一陣子就會恢復原狀，但她很難復原。也就是說她的**恢復力**（resilience，也可翻譯成心理韌性、心理彈性、復原力等）**很低**。要是恢復力提升的話就能解決這個問題。首先，必須告訴她面對失敗時，理想的應對方法。」

主管：「『面對失敗的應對方法』是什麼意思？」

我：「不順利的時候，也就是遇到挫折時，導致情緒過度失落，都是因為一味的將失敗與負面畫上等號。」

主管：「是啊。因為想法過於負面，所以才會過度失落。」

我：「因此，只要修正接受事情發生的心態，就能改變這點。那位員工就是因為認為自己失敗，所以才會出現極端的意志消沉反應。只要改善這個心態，便能期待她以更寬闊的心面對問題。」

主管：「我有點難以想像，你能告訴我具體上該怎麼做嗎？」

我先跟這位主管說明何謂恢復力，接著提供關於把失敗轉念成正面意義的建議。

不論工作或生活都會造成壓力，面對壓力，有人能越挫越勇，也有人不擅長應對。抗壓性強的人大都有撐過嚴峻時刻的經驗，而現在的年輕人都在提倡讚賞教育的氛圍中成長，受到過度保護，跟中高齡世代的人不同，沒吃過什麼苦，不曾在嚴苛的壓力下長大，所以面對壓力時容易受傷。

如此一來，在壓力問題越來越嚴重的這個議題上，最受大家矚目的就是恢復力。

「resilience」原本在物理學用語中解釋成彈力的意思，但在心理學中是指恢復力。在商業世界中，這個詞也是指恢復力。

在不知道怎麼解決問題等困難的狀況下，任誰都會感受到壓力。或許會出現「該怎麼辦才好」等感受到困惑的狀態，又或「已經不行了，怎麼做都無法解決」等，充滿絕望的心情。

這時需要的就是恢復力——即使在困難的狀況下，內心也不會受挫，努力適應下去的力量。就算感到挫折或失落，之後也會恢復、重新站起來；即便在痛苦的情況下，也不會放棄、繼續努力，這就是恢復力。

綜合各式各樣的定義來說，恢復力就是在強烈感受到壓力的狀況下，也能維持心靈健康的力量，並緩和壓力帶來的負面影響，即使一時之間受到消極思維影響，也會立刻恢復原狀。

若一個人缺乏這種恢復力，面對困難時就會難以忍受痛苦，於是把「內心受挫」掛在嘴邊。恢復力高的人如果遇到嚴峻的情況，就算心情難免低落，也不會因此受挫，會立刻重新站起來。

研究恢復力的開端是，調查遇到逆境時，堅強的人和懦弱的人的差別在哪裡。根據至今以來的研究結果，整理出恢復力強的人，具有以下特徵：

- 相信自己、不輕易放棄。
- 能聯想到只要撐過痛苦的時期，就一定會迎接美好的時刻。
- 不陷入情緒裡，冷靜眺望自己身處的狀況。
- 具備勇敢面對困難的意志力。
- 比起因為失敗而意志消沉，更重視未來如何活用失敗的經驗。
- 可從日常生活中感受到各種意義。
- 接受不夠成熟、堅持努力的自己。

・相信他人，與他人建立信賴關係。

主管為了提升部屬的恢復力，引導他建立前述的心理狀態很重要，但從根本改變需要花很多時間。為了快速對症下藥，在此有一個方法，有助於當事人接受失敗：

個人如何看待情況，在心理學上稱為認知評估（Cognitive Appraisal）。假設，工作時沒有達成目標，有人會出現像是「不行了，這樣下去沒有未來可言」、「我一定不適合這份工作」等悲觀想法，這類人通常被評估具有負面、消極的認知性格。至於習慣積極評價的人，則會出現像是「我還要再多努力一點，下次一定要達成目標」的想法，可以積極的接受結果。

當被主管指責時，覺得「自己是什麼都做不好、無能的人」、「如果犯了這種錯誤，我會被團隊拋棄」等，意志過度消沉的人，在認知評估上有負面思考的壞習慣。而習慣正面思考的人，會提醒自己「為了不要犯下同樣的錯誤，下次要再更注意」，或「不是說失敗為成功之母嗎？下次會更順利」，積極的面對現實，維持動力。

如果部屬像這樣，對於沒能做出想像中的成果或犯下錯誤時，情緒容易過於低落或馬上失去動力，主管須為他們營造出能提升恢復力的環境，為此第一步是引導他們養成習慣，**以正面心態接受負面結果**。

3 情緒化

在工作中時常保持冷靜很重要，但有些人會因為一點小事擾亂心情、變得情緒化。這種人不論是客戶或同事，都很容易成為麻煩製造機。**就算他本身的工作能力有多高，評價都會因此降低**。

當他人的態度很差或說了令人討厭的話，一般人的心情都會受到影響。如果是大人的話，通常不會把心情表露在臉上，控制自己的情緒。可是，也有人無法做到。

有一位經營者就有這種類型的員工，每當那位員工發生問題時，經營者就得忙著從中協調或道歉。時常被捲入糾紛的經營者，和我分享他的煩惱：

經營者：「他非常有能力，但要說他動不動就吵架嗎？或很衝動？總之很容易情緒激動，令人傷腦筋。」

我：「很容易情緒激動？」

經營者：「對。他一旦被挑釁的話就會跟對方爭辯，職場也因此充滿緊張感。」

我：「真的會有人時常挑釁他嗎？」

經營者：「因為他非常聰明又能幹，可能是因為被嫉妒。不管交派什麼任務給他，他都能順利完成，所以會有人把他視為勁敵，說一些討厭的話。」

我：「不管在任何職場，都會有員工嫉妒工作做得好的人。」

經營者：「是呀。直接無視嫉妒的人就好，但他會一個個反應，反而把事情變得更複雜。」

我：「一個個反應，是指他會說什麼話反駁嗎？」

經營者：「沒錯。如果公司的氛圍只是短時間內變得很糟糕倒是還好，可是他們會記仇記很久，不互相交流工作上必要的資訊、沒有做到必要的聯繫，影響業務進行，真的很困擾。」

我：「這一定很令人煩惱。」

經營者：「為了避免他每次都回應別人，我會跟他說那是因為你太有能力，才被說難聽的話，把它視為勛章就好，但他還是會受到影響。所以每次都得叮嚀，並安撫他別受別人影響，卻完全沒有效果。」

我：「這真的很令人傷腦筋，但也可以理解那位員工的心情。即便被說不要回應，但明明錯的是說壞話的人，為什麼只有自己要忍耐？被影響也是無可奈何。」

經營者：「你這麼說也有道理，說壞話的人也有問題。我也有提醒他，但我沒有把話說得很嚴重，因為不能再把事情弄得更複雜，所以我覺得他不要理會說壞話的人就好。」

我：「我覺得你的想法很正確。就算指責了找麻煩的人，他們的嫉妒心也不會因此消失，要是強烈指控他們，反而會造成反效果。」

經營者：「所謂的反效果是？」

我：「嫉妒的人可能因此被刺激，而在主管看不到的地方偷偷做一些壞事。嫉妒心爆發出來的話可能會很危險，所以引導被嫉妒的員工控管情緒是最好的方式。」

經營者：「原來如此。但該怎麼做才好？叫他不要回應，他還是會反應……而且，客戶裡也有態度不好的人，他有時候遇到也會備受干擾，引起不必要的紛爭，真的很頭痛。」

我：「不要只請他別回應，而是**試著跟他說明為什麼不要有所反應**，讓他從內心接受這個看法。我認為應該要協助他在心中創造不反應的理由，以控管自己的情緒。」

以下是關於情緒管理的解說，以及相關的具體建議。

首先，即使他人用討人厭的態度說壞話，必須讓部屬知道，若因此生氣而做出反應，從各個角度來看吃虧的是自己。例如，會發生以下損失：

- 人際關係惡化：覺得職場上的人際關係很尷尬，或是與客戶斷絕來往關係。

・無法冷靜判斷：情緒一上來，視野就會變得很狹隘，只會負面看待發生的事，使情況越來越惡化，無法冷靜的判斷，造成錯誤百出。

・他人對自己的評價下降：情緒化的人因為不能冷靜檢視自己的狀態，所以無法想像自己在他人眼裡是什麼樣子。結果暴露自己醜陋的一面、不夠成熟的樣貌，降低自己的評價。

・動力減弱：在怒氣爆發時回話，或許一時讓心情很爽快，但之後「我又搞砸了」等後悔的想法會浮上心頭、使自己陷入自我厭惡，結果導致動力減弱。

・心理健康受損：藉由怒罵或抱怨等表達心中的焦躁和憤怒的情緒後，會造成尷尬或不太愉快的氣氛，甚至導致心態變得消極，損害健康的心。

如果部屬了解前面提到的損失，接下來我會說明以下管理情緒的訣竅：

1.深呼吸

當你感到火大，覺得心中有一股怒氣時，總之先深呼吸，藉此可截斷衝動的氣流，防止做出衝動的反應。有很多事過了一段時間後，回頭反省時會希望自己當初不要那麼生氣。

2.自我對話，以壓抑怒氣

自我對話就是在心中自言自語。如果在心中碎念「這傢伙搞什麼鬼，不可原諒」、「我忍不下去了」，會越想越氣、最後怒氣爆發；這時反而要在心中告訴自己「這沒什麼大不了的」、「沒問題，先冷靜下來」、「也是有這種人存在」、「總覺得令人作嘔」，就能壓抑怒氣，不會和他人起爭執。

3.站在他人視角思考

站在會對你擺出厭惡的姿態、使用討人厭說話方式的人的立場，發揮想像力試想：「對方應該是因為和我相比，做不出成果才很火大吧？」、「我比他更能幹，所以很不甘心吧？他的個性應該很不服輸吧？」就能壓抑怒氣。

4. 站在更高的角度檢視

即使對方態度很差，但如果他是工作上的夥伴或客戶廠商的負責人，還是得和他打交道。

這時，要是從一開始就站在比對方「更高的位置」，在內心想：「越膽小的狗叫得越大聲（日本諺語），看來那個人相當沒有自信。所以才會對我說出討人厭的話。」、「我可沒有要自誇，也沒有要瞧不起他，但他可能非常擔心自己被藐視。因為不想被小看，所以才說些討人厭的話來牽制我。」這麼一想，就能用寬容的心胸來應對。

如果按照前面介紹的方式控管自己的情緒，就能減少在職場或與客戶之間的爭吵。

4 特別需要心理報酬

在充滿稱讚的環境中長大的年輕人越來越多，而不擅長面對逆境的員工也顯得引人注目。這些年輕人，具有依賴性較強以及情緒管理較差的特徵。現在很多公司的管理職，都為如何應對這類問題的員工感到苦惱。有一位主管跟我談論相關的煩惱：

主管：「最近的年輕人，跟我們那個時代不同，都是一邊被稱讚一邊成長，大家都在說要注意可別對年輕人講太苛刻的話。」

我：「連家長或學校的老師都很難嚴厲的教育小孩，因為被呵斥的機會變少了，所以他們一旦被嚴厲的挨罵，就會受傷。」

主管：「可以說現在是玻璃心的世代。因此，如果我們也像以前一樣嚴格的鍛鍊他們，這麼一來會被認為跟不上時代，所以打消了這個念頭，只能隨時提醒自己要盡可能的多讚揚他們。」

我：「很多職場都變成這種感覺。」

主管：「如果是工作上有做出結果，也比一般人多一倍努力的話，自然能誇獎他們，可是結果距離目標數字還要低很多、錯誤也很明顯，硬要稱讚他們不是也很奇怪嗎？」

我：「我覺得假設沒有做到達成目標等成果，但知道他們非常努力的話，稱讚他們也是相當重要的行為，不過連努力都沒有的話，硬是讚美也顯得裝腔作勢。」

主管：「沒錯。我當然會稱讚有能力的年輕人，而且就算沒有做出成果，我知道誰特別努力的時候也會誇獎，但在工作上找不到任何一點可以表揚的地方時，就無法誇獎，我覺得這是沒辦法的事。然而，有個年輕人對此似乎感到很不滿。」

我：「是因為你沒有稱讚他所以不開心嗎？那是怎麼知道的？」

主管：「還有態度很明顯的表現出就是要擺爛的年輕人。他不會當面抱怨，但如果我交派任務給他，就會表現得很懶散，並選擇比以往效率慢很多的做法。很明顯的可以感受到，他根本沒有幹勁做事。」

我：「那是因為他沒有備受稱讚，所以才這麼做嗎？話說回來，為什麼會變成這樣？」

主管：「我也不太清楚是怎麼一回事，但我希望他表現出有幹勁的樣子……我該怎麼做好？」

我：「他到底對什麼感到不滿？」

主管：「當事人沒有很清楚的說出來，但他好像和其他同事喝酒時，說他如此努力，卻沒獲得應有的評價，他做不下去之類的話。」

我：「他有不滿的表示，明明這麼努力卻沒人誇獎他是嗎？」

主管：「好像有這麼一回事。但就算他說自己有努力，卻看不到什麼成果，如此一來沒有受到讚揚，不是本來就是應該的嗎？『雖然我交不出成績，可是我已經努力過了，所以請稱讚我』，這種想法是否有點耍賴？」

我：「你說的對。站在經營、管理階層的角度來看，員工有這種想法可能是有點耍賴。不過，這跟動力這種情緒上的問題有關，先不論客觀上的數字，或許維護員工的感受也很重要。」

主管：「所以你的意思是，就算他交不出成績，只要他覺得有在努力，就值得稱讚嗎？」

我：「有許多人是在稱讚教育中長大，時常被誇獎，因為自己備受肯定所以才有動力做事。相反的，當沒有人稱讚他們，就失去了動力。」

主管：「的確，他們曾說自己是透過稱讚教育長大的世代，如果沒人誇獎會沒有動力，也會很失落。」

我：「有人稱讚自己，任誰都會很開心，而且一邊誇獎一邊培育部屬，能使他們不斷積極向上，可是難以忍受自己出現負面的情緒。所以當他們交不出成績、錯誤百出時，就沒辦法接受自己出現消極的感受。」

主管：「這個我可以理解。」

我：「如果把獲得評價視為被讚揚，那就以此方式給他回饋，或許他就有動力做事。」

主管：「但即便如此他也達不到目標，還是得給他評價嗎？」

我：「評價也分為很多類型。提到『評價』，容易聯想到成果，也就是結果的評價，但**處理工作的態度也是一種評價**。相較於結果評價，也有過程評價。」

主管：「過程評價？」

我：「在學校等教育的現場也是，雖然以前是以學力測驗的成績等成果評價為中心，但現在處理工作的態度也會被歸類為過程評價。在這樣的環境成長的人裡，我認為就算交不出成績單，也會有人藉由獲得過程評價，維持動力繼續做事。」

主管：「原來如此，好像可以理解。但該怎麼進行？」

我：「有一種概念稱為**心理報酬**。對於沒做出成果的員工，難以提供加薪、升遷等金錢報酬或地位報酬，可是透過言語告訴部屬或員工『我知道你有在努力』，就是**心理報酬**。」

主管：「這就是心理報酬嗎？」

我：「像是跟他說『我知道你很努力』，或『這次結果雖然不理想，但持續再加把勁，下次一定會更好』，他們如果獲得這樣的評價，也會認為主管知道自己有在努力，心態也會變得積極。」

主管：「原來是這樣。如果是給這種回饋，似乎可以做得到。」

我：「受到稱讚教育長大的年輕人，希望別人能稱讚自己、獲得評價的這種心情比較強烈，因此他們容易抱有期待，覺得自己很努力了，一定會有人誇獎自己、給自己回饋。」

主管：「我懂了。」

我：「一旦這份期待被辜負，他們就會像你說的一樣，表現出擺爛的態度。可說他們太小看工作這件事，但為了維持那份動力，我認為多少還是得回應他們的期待。」

接著我跟這位主管說明，在接受稱讚教育的年輕人容易有的依賴行為、被辜負期待時會有的反應，以及該如何回應他們的期待。

接受稱讚教育的年輕人，對於自己很努力，應該能獲得讚揚或回饋等，抱有很大的期待。這在不被人誇獎、受到嚴格教育的人眼裡，也許會覺得他們太天真，但畢竟這些年輕人就是在這樣的環境成長，也不可能請他們當下改變生存方式。

根據提倡依賴理論的精神醫學家土居健朗的說法，如果對方不接受自己想受寵的心情時，就會出現鬧彆扭、乖僻、態度扭曲、抱怨等心理反應，當中也包含了**受害者意識**。

也就是說，他們因為覺得有人不寵自己所以鬧彆扭，但也可以說是一邊鬧彆扭一邊撒嬌。結果最後悶悶不樂、自暴自棄。職場上常見員工會表現出悶悶不樂的態度，也是因為沒有得到想要的評價。

他們誤會自己被冷落對待時，會表現出「乖僻」的行為，是因為覺得沒有人理解自己。明明自己這麼努力卻沒有得到應有的評價，所以做出擺爛的言行舉止。

不依靠他人、對他人不理不睬是心態扭曲導致的行為，這是因為當事人覺得他人應該會溺愛自己，然而期待落空，於是採取了自我放縱的態度。

此外，因為對方拒絕寵愛自己，所以對對方抱有敵意，出現抱怨的行為。對於嚴格的主管抱有攻擊性的情緒，也是因為對方不疼愛自己。

由於認為自己不受重視，而表現鬧彆扭、乖僻行為、態度扭曲、埋怨，這之中也包含了受害情緒。所以為了讓部屬維持動力工作，就應該像前述對話中提到的一樣，重要的是透過言語認可部屬的努力，回應他們的期待，防止他們產生受害者心態。

5 一旦被糾正就反駁

隨著受稱讚教育長大的人越來越多，受到誇獎變得像是理所當然，無法忍受負面狀況的心理傾向也越來越明顯。

在上一節，我提到年輕人希望自己獲得稱讚、收到回饋，卻期待落空時，容易產生依賴型攻擊性的彆扭態度。

其實，受稱讚教育長大的人們還有另外一種特徵，就是當有人提醒他們時，會有想反駁的心理傾向。

經常獲得讚揚的人，認為他人給予自己的回應都會帶來正面的情緒感受。所以，無法忍受自己被責罵、指責時產生的負面情緒。

現在正處於這樣的時代，所以大多數的職場都盡量用鼓勵、誇獎的方式，來取代嚴格的教育。可是，為了讓工作不成熟的人能鍛鍊出獨自應戰的能力，有時身為主管還是必須得嚴格的指出部屬問題。結果指出問題時，有人會表現出彷彿自己被全盤否定等情緒化的反抗行為。

現在有很多經營者或管理職，對於抱有這種心理傾向的年輕人很頭痛。以下是我和某位經營者談論相關的困惑。

經營者：「我跟員工指示，盡量不要對年輕人太嚴格。但每個人的想法不同，也有人無法接受，覺得自己正是因為受過嚴厲的對待才能獨當一面。」

我：「我可以理解這種心情。」

經營者：「我也是這麼想。為什麼現在的人會變得這麼軟弱？我們年輕時，被前輩或主管嚴格的對待是理所當然的，也是多虧這樣才能鍛鍊自己。」

我：「是啊。時代大幅改變。現在跟受嚴格教育的上一個世代相比，感覺有很大的落差，所以引發了很多糾紛。」

經營者：「聽說其他公司也有很多類似的問題，在我們公司也是，主管稍微指出年輕部屬的問題，他們就會抱怨受傷了、這是職場霸凌，該怎麼辦才好？真的很傷腦筋。」

我：「教育方式不同，感受也會有落差。有些指責的話語，對於我們這代曾受過嚴格教育的人來說不算嚴厲，但對於只能稱讚、盡是在受寵環境中長大的現代人來說，就是嚴重的辱罵。」

經營者：「原來如此，聽你這麼一說，好像就是這麼一回事。如此一來，我們還有必要建議、提醒年輕人嗎？原本能幹的人也就算了，對於不太會做事的人，如果不指出、修正他們的問題，也不會變成精明幹練的人。」

我：「為了培養他們的工作能力，確實要給予他們一些建議。」

經營者：「但有些人做法有誤，被主管糾正時，部屬像是被全盤否定一樣、滿臉通紅的辯駁。可是，我們也不能眼睜睜看著錯誤的事發生不管，必須糾正問題。曾有負責指導年輕人的員工跟我反應，與其說是糾正，不如說是在教導部屬，但他們會反駁，真的無法忍受。我可以理解他的心情。」

我：「說得也是。我覺得在現在這個時代，負責鍛鍊年輕人的人很辛苦。但也並非所有年輕人都認為，有人指出問題就是在傷害他們或職場霸凌。應該也有人就算受到嚴厲的指責，也不會特別抱怨，反而覺得被指正這件事能成為自己的糧食，並因此進步吧？」

經營者：「當然也有人這麼想。像這種年輕人就能安心的教導他們。不過，對於所謂玻璃心的年輕人只能小心應對。不訓練他們，他們也沒辦法成長，對當事人來說也是損失。」

我：「你說的也有道理。不訓練他們、顧慮他們的心情，對於他們來說也是一大損失。不想辦法教育，他們會很可憐。」

經營者：「那麼，我該怎麼做才好？」

我：「像這種人如果只靠稱讚教育，也就是不斷的讓他擁有正面心態，在面臨負面情緒時，他便無法學會控管。我認為必須讓他意識到這件事，且須提升非認知能力當中的情緒管理能力。」

經營者：「提升情緒管理能力？」

我：「他們一旦被指責，心情就會不好，然後不由自主的反駁對方。但像這樣受到情緒影響，無法促進成長。」

經營者：「就是那樣。」

我：「所以必須確實的管理情緒。若能著實控管，就能把自己被指責的問題視為成長的糧食加以進步。只要能學會調節情緒，就能期待他們從停滯狀態邁向成長狀態。」

以下我要說明若部屬受到責罵或指責時，主管幫助他們面對負面情緒的方法。

首先，我已在第二章節說明後設認知的問題，提到須讓部屬意識到現在自己做事不順利、是因為使用錯誤的做法才被指責等，在此的狀況也一樣，利用對話引導他們回顧自己的現狀很重要。

不論是誰，如果被指責都會心情不好，還得檢討自己做事還不夠精確、接受自己的做法是錯的現實，使得情緒低落。但隨著情緒波動，逃避面對現實，並不會帶來改善或成長。必須讓部屬意識到這點。

接下來重要的是，必須告訴他們，被指出的問題能成為改善自己的契機。

會糾正部屬問題的主管或前輩，並不是故意在找碴，而是因為工作上有需要修改的事項，所以才會糾正問題。要是他們認為部屬永遠不會做事，所以不用改善也沒關係的話，也不會不厭其煩的糾正。

如果持續採取錯誤的做事方式，將無法成為能幹的人，但只要改善被指出來的問題，就能提升工作能力，從不會做事的人蛻變成精明幹練的人。被指責才是成長的契機，有人糾正是一件值得感激的事，重要的是，如何透過對話讓部屬意識到這些事。

甚至必須讓他發覺，工作上會將有人指出自己的問題，與自己被全盤否定畫上等號，主要原因是出自於公私不分，因為工作做法被否定跟自己的存在意義毫無相關。

因此重要的是，如何讓部屬將自己與行為分開看待。

就算有人提醒你做事的方法錯誤，**那也不是在否定自己，單純只是糾正做法**。要是有人指出你的做事方式效率很差，那也只是被人否決做事方式，並非否定自己的存在。只要改變被糾正的做法，就能變得能幹，知道如何更有效率的工作，並促使自己成長。透過對話讓部屬意識到這些事很重要。

有的部屬不只會反駁他人指出自己的問題，也會反抗他人給予建議。無法將行為與本人分開看待的人，即使他人提出親切的意見，也會覺得反感。

例如，當有人建議其他的做法比較有效率，代表自己當下做事方式的效率很不理想。面對這種情況，能將行為與自己區分開來的人，會覺得「很感謝有這樣的意見」，並馬上應用新學到的做法；而無法確實分離的人，會認為自己的存在被否定。因此，他們感到反感，無法坦率的接受建議，並選擇更有效的做法。但這麼一來就會帶給公司困擾。正是如此，必須讓他區分行為與本人。

若能藉由對話，促使年輕人意識前述的問題，就可以期待他們就算被糾正，也不會一個個反駁，而是把這些問題視為鼓勵自己成長的食糧。

6 不理解他人心情

越來越多人因為在網路世界花的時間更久，較少經營現實的人際關係，而不擅長與人交流。甚至很多年輕人在為就業做打算時，選擇盡量不與人接觸的工作。在企業也很常遇到，錄取的新人拙於溝通、令人傷腦筋的狀況。

正是因為處於這樣的時代，許多企業在錄用新人時注重溝通力。可是，明明是在重視溝通能力下決定錄用新人，但職務上溝通不順暢的狀況仍層出不窮，讓很多主管苦惱。

其中一個典型的案例是，這種人能與他人閒聊、雜談，但因為缺乏邏輯能力，所以工作進行得不順利。這跟認知能力的問題有關，我已經在第一章針對各種狀況說明。

另一種常見的案例是，不論是在陌生的場合，或跟對方不熟，都能毫無畏懼、以平常輕鬆的姿態與人聊天，也就是社交性較高的人，他們卻不懂得如何與人在心情上交流。有一位經營者就錄取了這種類型的新進員工，以下是他跟我分享心中的煩惱：

經營者：「為了商談，我們的員工必須具備溝通能力，如果不善於溝通會很糟糕，總之我是看在他的溝通能力不錯才錄取他。」

我：「現在有許多企業也是依溝通能力，來判斷是否錄用面試者。」

經營者：「是的。我們公司也是看新人溝通能力不錯才決定錄用他，他在前輩或主管面前毫無怯場，還會開玩笑、逗得大家樂不可支，我還很慶幸錄取了一個社交能力很高的人。但當他在跑業務、面對客戶時，卻好像沒有彰顯他的優勢。」

我：「沒有彰顯優勢？是怎麼一回事？」

經營者：「他一直沒辦法從某位客戶身上拿下訂單。過去負責那位客戶的業務雖然比他溝通能力低，但結果都比他好。過一陣子後，那位客戶還希望能換負責人，導致我現在很煩惱。」

我：「他有提到為什麼想換負責人嗎？」

經營者：「我也很在意這點，於是我去拜訪客戶，了解是怎麼一回事。根據客戶的說法，那位新人非常會社交還很會說話，也會說一些有趣的事，但跟他說話很費力，也感覺得出來他不想深入了解客戶想要的商品。而且也沒有顧及心情上的交流，照他這副德性，沒有辦法跟他建立信賴關係。」

我：「雖然他很會聊天、也會說些有趣的內容，但他不會進行情感上的交流，又很容易令人心累。那位新人是不是屬於不在乎對方反應，自顧自的一直在說話的類型？」

經營者：「他就是那種感覺。這麼一說，我跟他說話時，也曾發生我找不到時機跟他說我想傳達的事，曾為此感到很焦躁。」

我：「果然是這樣。有人認為能以幽默有趣的說話內容活絡現場氣氛，才代表有很高的溝通能力，但真正的溝通能力其實也包含傾聽能力。如果只有其中一方一直在說話，沒有發揮交互作用，那麼溝通也不可能順暢。」

經營者：「原來如此。」

我：「你和新人溝通時會感到焦躁，也是因為雖然他很會講話，但**他沒有傾聽別人說話的內容，所以才無法理解你的心情**。所謂好的交流，不是指自顧自的講話，而是能引導對方的想法，然後接受它。」

經營者：「套出對方提出想法，並且接受它……。」

我：「就算有人利用有趣的事想博取一笑，那麼得選擇能讓對方心情放鬆的話題。否則我認為這樣不代表溝通能力很高。」

經營者：「原來如此……他很會說話，也很擅長逗大家笑，因此以為他溝通能力很好，可是缺點是不仔細聽他人說話，所以才容易造成對方對他感到很急躁。這樣思考的話，就能理解客戶對他的評價，現在看來也能確定他的溝通能力一點也不高。」

我：「聽你的描述，似乎就是這麼一回事。」

經營者：「如此一來，為了提升他的溝通能力，該怎麼做才好？」

我：「為了進行情感上的交流、讓對方的心情感到放鬆，最重要的是，**讓**

對方把想傳達的事確實的表達出來，此時的關鍵在於扮演一個優良的傾聽者。

如果只顧著講話，使對方無法把想說的話表達出來，對方就會很煩躁。」

經營者：「完全是客戶描述的狀況。」

我：「總之，成為優秀的傾聽者，讓對方盡情說話，這才代表溝通品質良好，不是嗎？」

接下來，我針對真正的溝通能力，以及提升溝通能力的訣竅加以說明。

說到提升溝通能力，多數人以為說話比聆聽來得重要。可是，在商業上必須擁有的溝通能力，比起會說話，更注重的是會傾聽。因為懂得傾聽的人，才能給予客戶最大的滿足。

很會說話的人，他們擅長炒熱現場氣氛、讓人感到開心，但硬要說的話，他們本身對於自己在暢談一件事上感到爽快，卻可能帶給對方壓力。例如，自認為很會說話的人，有時自顧自的講得太多，會讓聽的一方感到煩躁。像本節的案例也是，客戶就是被逼到產生這樣的想法。

相反的，懂得傾聽的人，會仔細聆聽對方想傳達的事，讓對方的心情感到舒暢。

因此，相較之下懂得聆聽的人，對於客戶來說才具有高度價值。有時不太會說話的人比較容易獲得好感，也是因為他們對說話這件事沒有自信，所以徹底發揮傾聽者的角色，讓對方可以開心表達自己想聊的話題。

所以，比起很會說話的人，想再跟他聊天、在一起可以很放鬆的對象，通常都是很會傾聽的人占為多數。如此這般，若想提升溝通能力，與其把目標放在很會說話這件事上，不如**以懂得聆聽為中心，藉此努力成為擅長社交的人**。

從部落格或社群媒體X（前稱推特〔Twitter〕）上的流行趨勢可以得知，現在處於人人都想經營自媒體的時代。希望大家能聽聽自己的聲音、別人對自己說的話有興趣，如此的奢望擁有聽眾。諮商變得普遍，也是因為有些人身邊沒有願意傾耳側聽的對象。

正是因為現在是這樣的時代，所以越會傾聽，價值越大。要是能成為對客戶來說意義非凡的存在，那麼職場上的人際關係會越來越好，商業交易也會越來越順暢。

以下我整理了因為懂得聆聽，所以擅長社交的人的特徵：

- 認真聽對方說話。
- 不會自顧自的聊天。
- 對對方感到興趣。
- 不會將自己的觀念強加於人。
- 理解對方的感受。
- 不會追問對方不想談的事。
- 適時的結束話題。

主管可以一邊意識這幾個要點，一邊指導員工如何留意心情上的交流，這麼一來，就能以對話能力為中心提升溝通能力。

至於本節的案例，若能讓客戶廠商的負責人心情舒暢，而且讓對方提出自己的想法，了解他正在追求什麼、有什麼特別需要留意的事項，如此一來就能以此為基準，下功夫準備提案。

7 社交焦慮

越來越多年輕人跟年長者不同，小時候沒有跟鄰居相處的經驗。在過去的年代，不管是跟比自己年紀大的、同年齡的、甚至比自己小的小朋友，孩子都會一起玩耍。然而，現在的小朋友只跟同學玩，也較少和在補習班或才藝班認識的朋友一起相處，再加上因為電動遊戲等，一個人在室內就能娛樂的商品越來越普遍，所以不知道怎麼跟他人相處的狀況越來越多。

本來日本人就有太在意他人眼光而容易感到疲累的心理傾向。這種現象因為影響太深，使得有人會一直極度避免與他人接觸。以下是我和一位經營者的對話，他就有這樣的員工，經營者每天都在煩惱該怎麼帶領他：

經營者：「他非常熱心學習、已經把工作中需要的知識學起來，在蒐集相關資訊時也毫不馬虎，商品知識也很豐富，所以我原本打算讓他站在推銷最前線，可是派他進行街訪推銷的結果不是很順利。」

我：「怎麼說？」

經營者：「他一直交不出結果，我很好奇他明明擁有那麼多的商品知識，為什麼達不了目標，後來我才逐漸知道他不擅長與人交流。」

我：「他不擅長與人溝通嗎？這樣的話，街訪推銷應該會出現困難。」

經營者：「是的。他腦筋轉得快、商品知識又豐富，也了解商品的相關資訊，一定可以獲得客戶的信賴，所以我跟他說有自信一點試試看，沒想到他說自己不擅長跟人聊天，沒辦法緩和現場氣氛，躊躇不前。」

我：「他去拜訪客戶時是什麼樣的感覺？」

經營者：「根據本人的說法是，照理說為了說明商品或服務內容，他把相關知識都牢記在腦海裡，只要一邊給客戶看資料，就能確實說明清楚，然而還是不順利。我問他是哪裡有問題？他說拜訪客戶，總不可能一見到負責人就突然說明商品、說明完後又不能直接回家，他為此感到壓力。」

我：「也就是他能說明商品，但不善於應付說明前後的交談，他覺得被這種壓力給打倒，所以對街訪推銷感到痛苦嗎？」

經營者：「沒有錯。他說因為沒辦法看對方臉色閒聊，所以街訪推銷帶給他相當大的壓力。」

我：「這可說是社交焦慮（譯註：social anxiety，又稱社交恐懼症）的表現之一。」

經營者：「社交焦慮？」

我：「關於社交焦慮我後面會說明，但我可以確定，有許多日本人有社交焦慮。拙於聊天的人，光是跟對方見面前就會想：『要說什麼話題才能提升氣氛？』、『我可以好好表達嗎？』、『我應該不會被認為是個無聊的人吧？』、『我會不會讓他感到無聊？』搞得心情沉重，就算開始聊天了，也會想：『我是不是提了不適當的話題？』、『我現在說的事是不是很無聊？』、『他會不會想趕快結束話題？』讓氣氛越來越沉重。」

經營者：「他也曾這麼說過。他還說所以他自己不適合當業務。但我認為他熱衷學習或腦筋靈活的性格，沒有其他人能比得上他，相當值得信任。所以，只要他慢慢的習慣，一定也能獲得客戶的信賴。不過，他本人表示擔任業務很痛苦……真的很傷腦筋。」

我：「平常就跟他相處的人都這麼認為的話，我覺得他一定能獲得客戶的信賴。一般來說，都會以為很會說話的人適合當業務，但實際上並非如此。要是他很會說話，也容易被認為是個油腔滑調的人，客戶反而會因此警戒他、覺得要是我搭上這推銷的節奏，會不會被騙之類的。」

經營者：「的確會有這種想法。實際上，我也對很會說話、油腔滑調的人感到戒備。」

我：「從這種視角來看，這位員工雖然拙於說話、不太會聊天，但他對商品、服務的知識很豐富，又知道相關的資訊，針對客戶會產生的疑難雜症，要是能確切的說明，從工作對象取得信任感的可能性較高。更何況也不是要求他和客戶成為無話不談的朋友，只是為了進行工作上的交流，即使他無法情緒高昂的交談也沒關係。你就這樣子告訴你的員工如何？」

經營者：「原來如此。這樣的話他一定能比較輕鬆、也有自信。」

接著，我除了和這位經營者說明社交焦慮，也和他強調，意識到非認知能力的溝通有多麼重要。

所謂的社交焦慮，簡單來說就是跟人相處時會感到不安。

心理學家施倫克（Schlenker,B.R.）和馬克・利里（Mark Leary）表示，所謂的社交焦慮不論在現實或想像中與人接觸的場合，會因為他人給予自己的評價，或自己猜測別人怎麼想自己，而產生不安。

也就是說，自己在他人眼裡是怎麼樣的人？或別人一看到自己，自己會不會都被猜透？這些問題產生的不安就是社交焦慮。因此，社交焦慮嚴重的人，對於自己在他人眼裡的樣子不等於理想中的樣貌，或沒辦法成為想像中樣子感到強烈不安。至於以自我呈現（Self Presentation）的角度來看，社交焦慮嚴重的人在如何有效的印象管理方面，沒有自信將別人對自己的印象往自己所希望的方向改變。

每當我提到社交焦慮這個話題時，不論是學生或社會人士，很多人會私下跟我談自己也有嚴重的社交焦慮問題。然後，他們對於自身是如此評價：

- 「一旦跟人組成了圈子，就很容易只跟那個圈子裡的人交流，我是這樣，我覺得大家社恐的程度也很嚴重。」
- 「我很害怕被拒絕，所以我不會主動邀人。」
- 「我很在意他人如何看待我，完全放不開自己。」
- 「我希望自己在他人心裡留下好印象，所以會強迫自己配合他，為了不要讓他覺得自己很無趣，也會很努力的跟對方聊天。」
- 「一旦他人的反應很差，就會覺得果然自己提的話題很無聊，感到很難過的同時，氣氛也越來越糟糕。」

因此，對於認為自己有社交焦慮的人來說，必須告訴他們，很多人也有類似的問題。

再加上，社交焦慮雖然是指擔憂人際關係，但不只包括別人怎麼看待自己的自信，還跟對自己所有層面的自信有關。在這個意義上，說服自己了解跟工作有關的知識、資訊就能帶來自信這件事情很重要。

為了提升工作能力，不光是認知能力，最近也越來越注重非認知能力。在非認知能力當中，包含激勵自己，也就是燃燒幹勁的力量，以及堅持、忍耐、控制情緒的力量，不論在讀書、運動或工作也好，為了達成目標，這些力量不可或缺。

但大家忽視了溝通的力量，也是非認知能力的重要因素。從這篇案例可以知道，須具備磨練溝通的能力，才能與工作夥伴之間建立信賴關係。在此情況下，溝通能力並非指逗得大家笑嘻嘻，而是傾聽對方想表達事情的同時，能否適當說明跟工作內容有關的資訊。而就算是社交焦慮嚴重的人也能應付。

社交焦慮的人雖然可以做到必要的說明，但不知道怎麼破冰與結尾，所以很害怕與人見面。可是，在工作場合中，說明必要的商品資訊才是最重要的，就算聊天時沒辦法炒熱氣氛，但只要確實解說重要的內容便足夠。

不善於與人相處的人當中，有很多人認為溝通能力，等於擅長搞笑或能透過聊天來活躍氣氛。**但在工作場合裡，最需要的是確實說明跟工作相關內容的溝通技能**。

主管把這點告訴員工，相信他的心情上就會比較輕鬆，跟工作客戶見面時，也能減少社交焦慮。

第四章

主管可以多做些什麼

1 面對這些傷腦筋的部屬

不論在任何職場上，都會有讓老闆或主管傷腦筋的員工，他們還有很大的進步空間，或明明有上進心卻停滯不前、雖然有幹勁卻沒有發揮能力。

在前面的三章，我說明了造成問題的主要原因：缺乏認知能力、後設認知能力與非認知能力，並個別舉出相對應的案例，具體的解說像是為什麼剛開始時覺得錄取的員工不錯，後來卻發現他們成為問題人物，以及跟什麼樣的因素有關，且為了改善問題，該怎麼做才好。

在本章，我打算把前述的三個能力因素再整理給大家。

2 舉辦讀書會，鍛鍊認知能力

首先是認知能力，這是指智力能力。工作上，認知能力當中最重要的就是讀解力。

若員工沒有鍛鍊讀解力，就算請他閱讀標示著工作要領的文章，他們也無法消化。

要是眼前有一位已看過工作手冊，卻用錯誤方式做事的新人，你或許會感到不可思議：「明明已經給他寫著注意事項的參考資料，為什麼他還會做錯？」那是因為他們雖然看了，但沒有搞懂。

此外，客戶把要求整理成文件提供給某位員工，那位員工明明已經閱讀了那份文件，卻忽視這些需求，交出別的企劃，客戶可能會因此覺得：「為什麼要無視我？不可原諒。」而感到生氣，但提案者並非打算無視客戶，只是無法理解要求裡的含意罷了。

如果是平常有在鍛鍊讀解力的人閱讀同一份文件，理所當然的可以理解；對缺乏讀解力的人來說，卻像是在看外文一樣，搞不清楚狀況。

不只限於閱讀文章，具備讀解力，在傾聽他人說話時也具有重大的影響。許多溝通上的誤會，也是因為缺乏認知能力所引起。

當你看到部屬做的事跟你指示的內容完全不一樣時，你可能會覺得：「為什麼無法照指示做事？聽我說話時是不是都在敷衍我？」因此對部屬抱持不信任感，但對方或許確實聽了，可是沒有聽懂。缺乏認知能力的人，即使有好好聽人說話，到頭來卻沒有搞懂對方說的話是什麼意思。

說到讀解力，應該有很多人會想到學生時期的國文課、考試問題，或相關的參考書還有問題集等。甚至是閱讀評論報導、思考作者到底想說什麼、以及閱讀小說想像登場人物的心情，推測主角為什麼會那樣行動等。

上國文課時，應該有人曾感到疑惑：「學國文對未來有什麼用？」其實這正是在鍛鍊讀解力。閱讀文章，讀通文章意義的能力，就是工作能力的根基。

第一章介紹，溝通上的誤會造成麻煩、工作上無法回應期待、重要的事無法傳達等，都代表了缺乏讀解力。

為了提升讀解力，有很多研究證明，閱讀書籍能帶來很大的效果。可是，現在越來越多人把時間用在網路或社群媒體，甚至是電動遊戲上，根本沒有時間好好沉浸在讀書的世界裡。因此，造成越來越多人缺乏讀解力，這種狀況非常危險。

實際上，現在很多國中生都讀不懂教科書的內容。人工智慧研究專家新井紀子揭開這個狀況。

她表示，出版社通常會選擇平易近人的文章作為教科書的內容，卻有超過半數的學生即便閱讀書上的文章也看不懂。要是你以為所有日本人都能理解用日文寫的文章，那可就誤會大了，其實很多國中生根本無法理解教科書中的內容，甚至聽不懂講解文章的老師到底在說什麼。不得不說這是一件很令人衝擊的發現。

以下是新井紀子研究團隊對國高中生實施的基礎讀解力調查裡，其中一

部分問題和它的解答率。（引用自《當ＡＩ機器人考上名校》，新井紀子著）

你看到這個結果後，可以知道現在孩子的讀解力已深陷危機：

問題一

「佛教主要分布於東南亞和東亞；基督教主要分布於歐洲、南北美洲和大洋洲；伊斯蘭教主要分布於北非、西亞、中亞和東南亞。」

請根據前面的敘述完成以下句子，在選項中選出一個最適合的答案，並填入空格裡。

分布在大洋洲的宗教是（　　　　）。

①印度教　②基督教　③伊斯蘭教　④佛教

只要好好閱讀句子，應該很容易知道答案是②基督教，但國中生的答對率為六二％、高中生的答對率為七二％。這代表國中生裡將近四成、高中生裡將近三成的學生看不懂文章的意思。

問題二

「Alex 是男性或女性都能使用的名字，是女性名字 Alexandra 的簡稱，也是男性名字 Alexander 的簡稱。」

請根據前面的敘述完成以下句子，在選項中選出一個最適合的答案，並填入空格裡。

Alexandra 的簡稱是（　　　）。

① Alex　② Alexander　③男性　④女性

正確答案是① Alex。這題也應該很容易理解，但國中生的答對率為三八％、高中生的答對率為六五％。也就是說，每三個高中生裡面有一人、甚至國中生有六成以上的學生看不懂這個問題。

明明也不是很長的句子，甚至答案很清楚的寫在問題裡。即便如此，很明顯的可以得知多數的學生仍無法正確解答。

而讀解力這般程度的學生出社會、工作後，職場上的夥伴或客戶和他們交流的過程中，會納悶：「為什麼對方會這麼做？」並感到不可思議、吃驚、憤怒。這都跟缺乏讀解力有關，對方沒有惡意，也不是故意無視你的建議，也不是打算隨便應付工作。

因此，當你覺得部屬或員工無法溝通，**可透過研修等讓他們知道閱讀的重要性**，**或舉辦讀書會**。如果你覺得自己的解讀能力不足，可以增加閱讀的時間，即使是在通勤時邊搭電車邊讀書也好，日常的累積一定能確實磨練讀解力。

3 協助他整理思緒

所謂的後設認知能力，簡單來說就是**自我檢討的能力**。不論在工作、讀書、興趣或運動方面，皆是成長時必備的能力。

就算幹勁十足，不知道自己的工作能力哪裡有弱點的話，便無法改善，只會不斷重複類似的失敗、停滯不前。另一方面，經常回頭檢視自己、發現自己的缺點並努力補強的人，則會不斷成長。

以前述的狀況來說，擁有後設認知能力的控管習慣非常重要。監控自己工作時的現狀，一發現問題，立刻修正、加強，這正是後設認知能力在發揮控制的作用。為了確實控制後設認知能力，須擁有豐富的後設認知知識。

接下來，我要以稍微專業性的觀點，統整說明什麼是後設認知。首先關於後設認知的構成要素，大略區分為後設認知知識和後設認知經驗。

在工作方面，後設認知知識是指「我該怎麼做才能提升工作能力？我該做什麼才能在工作上交出成果？」等；後設認知經驗是指，回頭檢視自己現在工作時的狀態，確認自己的做法是否確實，一旦事情發展得不順利，便找出問題並修正做法。

後設認知經驗又分為檢討、評量自己的工作現狀，並且掌握問題點的監督功能，以及以此為基礎，讓工作方法加以改善、修正的控制功能。

明明有動力，會主動閱讀跟工作有關的書籍、參加讀書會，積極的自我進修，但無法通過升遷考核、順利進展，可見造成這類狀況的原因，是因為沒有妥善發揮後設認知的監督以及控制功能。

這個情況也有可能是因為缺乏後設認知知識。學生時期很會念書的人當中，許多人能自然學會後設認知知識；相反的，不擅長念書的人，就算以前面對書桌的時間很長，但因為缺乏後設認知知識，所以難以有效學習。

在此我想證實，雖然後設認知通常運用在學習方面，但在工作上也適用。

你藉此能明白為何缺少後設認知知識，就有可能造成致命性的錯誤，以及了解平常工作為何會不順利的理由。若能發揮後設認知，有助於以下情況：

1. 有效閱讀

有些人為了學習而閱讀書籍或相關報導時，不知道一邊確認自己的理解度，一邊閱讀會比較有效，完全沒有確認自己是否理解，單純漫無目的的讀下去；以及遇到難以理解的地方、較有難度的部分，要不斷的重複閱讀。僅覺得：「這是在寫什麼？完全看不懂。」而快速的翻過，也不會回頭想理解不懂的地方，這樣的閱讀方式無法帶來有效的學習效果。

2. 加強記憶力

有一些人看到什麼就死記，是因為他們不知道原來一邊思考文章的意義，一邊背下來會比較容易留下記憶，還有具體的擴大想像也比較不容易忘記。單純死記不會加深對文章的理解，長期下來也難以維持記憶。藉由思考定義、擴大具體的想像才能在加深理解的同時，使記憶更加牢固。

3.整理思緒

有一些人不知道如何把腦中的想法透過圖解具體化，以更容易的整理思緒。他們不圖解，只在腦中思考，但遇到複雜的內容時，在腦中就無法整頓。在工作簡報上，可以看到很多人使用 PowerPoint 展示圖解，那是因為藉此能讓人確實理解你的思考脈絡。在整理個人思緒時，也請多加利用圖解的方式，相信能帶來不錯的效果。

4.防止粗心大意

為了避免自己不夠細心而造成失誤，再次檢查自己有沒有寫錯或抄錯，或有沒有沒注意或會造成誤會的地方——要是缺乏了這項後設認知，就容易犯下粗心的錯誤，或不斷犯下相同的錯誤。

5.理解抽象概念

有些人不知道，如果想吸收抽象概念，只要拿日常生活中會遇到的具體例子來思考就簡單明瞭。他們只會囫圇吞棗的記下來，沒有想到利用平常周遭發生的事來理解。如此一來事情便毫無進展，甚至可能因為難以理解而放棄。抽象的理論也好、概念也罷，其實透過日常生活中實際發生的例子來理解，就能發自內心的認同，得到的知識才能加以活用。

6.避免分心學習

分心學習很容易造成心不在焉、看到的內容無法記在腦海裡，使理解和記憶上都出現障礙，這就是即使花了很多時間念書也無法有效學習的原因，而不知道這點的人卻能習以為常的一邊學習一邊做某件事，像是要努力學習的樣子。

你有沒有在準備做某項作業時，被電視的聲音影響而無法專心，導致效率變差的經驗？這是因為你的心中有個部分會對電視聲音有反應，使一部分的認知能力受到影響，讓原本要用在某項作業上的認知能力無法集中。可以推測分心學習也會造成類似的情況。因此，停止分心學習，便能帶來更好的學習效果。

主管藉由前述方式，引導部屬或員工發揮後設認知，非常重要。

4 非認知能力，越來越重要

說到提升工作能力，多數人容易把它跟提高智力能力畫上等號。但包含智力活動等認知活動能否順利進行，都跟非認知能力有很深的關係。

近年在教育界也在推廣有關孩童的學習活動，不只是關於聰不聰明的認知能力，非認知能力也會帶來很大的影響。我認為不僅是在念書學習方面，也能套用工作上。

非認知能力，是指給予自己動力、堅持處理事務、集中精神、忍耐、理解他人心情、控制自己情緒等能力，不包含學習能力等智力能力。

心理學家彼得・沙洛維（Peter Salovey）和約翰・梅爾（John Mayer）把前述的概念加以定義，再由心理學家丹尼爾・高曼（Daniel Goleman）推展成一般我們所得知的情商。高曼著作《EQ》（*Emotional Intelligence*）一書，在日本翻譯為《EQ情感智慧指數》出版，因此EQ一詞瞬間擴散開來，在企業等招募新人的測驗中，也明顯看出EQ備受重視。

那麼，所謂的情商或非認知能力到底是指什麼？藉由以下高曼的說明，應該可以更具體的掌握：

「以狹義的角度來定義智力的話，不會產生類似以下兩種問題：『為了讓孩子能更順暢的展開自己的人生，大人能做些什麼？』或『IQ高的人不一定會成功、IQ位於平均值的人卻能獲得巨大的成功，這背後有什麼樣的因素在發揮？』我認為，造成人與人之間能力有差別的關鍵，在於是否具備自制力、熱忱、毅力、意志力等情感智慧指數（EQ），而EQ是可藉由後天教育。隨著EQ提升，孩子與生俱來的IQ能發揮的更豐富（中略）。

「情感智慧指數是指能自我激勵，就算遇到挫折，也能堅強的努力下去的能力；能克制一時的衝動、忍耐一時的快樂的能力；能適當的調整自己的心情，防止思考受到情緒影響的能力；能體諒他人、保持希望的能力。」

許多研究結果顯示，從幼兒時期開始非認知能力高的人，在學生時期不僅成績很好，長大後出了社會，還有工作能力強、高收入的傾向。

非認知能力主要的核心是自我控制能力。至於自我控制能力相關的研究實驗，起始於心理學家沃爾特・米歇爾（Walter Mischel）與他的團隊提出的延遲滿足理論。

那就是廣為人知的「棉花糖實驗」（The Marshmallow Test），研究團隊拿出棉花糖給孩子看，並跟他們說如果想現在吃的話只能拿一個；如果等到實驗人員暫時離開後回來再吃，就能拿兩個棉花糖，以此來測試小朋友能不能忍耐，還是不等實驗人員回來，直接吃掉眼前的一個棉花糖。

米歇爾跟他的團隊在五百五十人以上的幼兒園實施這項棉花糖實驗，並持續追縱調查孩子的青少年時期、成年初期、中年期。

研究調查結果顯示，在幼兒時期為了獲得更大的滿足，能延遲滿足欲望的人在十年後的青少年時期，就算陷入欲求不滿的情況下，也展示出強烈的自制心，輸給誘惑的情況較少，在必須集中精神的時候，也不會分心、能專注，即使面對壓力，也不會因此亂了方寸，並採取有建設性的行動。

甚至到了二十幾歲的後半階段，他們很擅長達成長期目標、不使用危險藥物、擁有高學歷，身體質量指數（Body Mass Index，縮寫為ＢＭＩ）也低，人際關係也相當順利，可以得知他們在自我控制方面做得相當確實。

在追蹤調查中發現，即使過了四十年，當他們到了中年時期，依舊能維持高水準的自我控制能力。

心理學家泰瑞．莫菲特（Terrie Moffitt）也針對一千位小朋友為對象，追蹤調查從他們出生後到三十二歲的情況，證實了兒童時期對於自我控制能力的高低，會影響未來的健康狀態或經濟狀態，甚至可以預測犯罪的準確率。

也就是說，可以知道忍耐的能力、克制衝動的能力、根據必要性抑制情感表現的能力等，自我控制能力較高的人，他們長大成人後，健康度較高、收入也高，犯罪的可能性較低。

除此之外，許多研究也指出，從小自我控制能力較高的人，過了十年後不論在學業還是社會性方面都能成功、三十年後收入方面或健康方面都很順利，藥物依賴或犯罪的機率較少。

這簡單的想也是理所當然。

當工作期限將近，不受朋友邀約出去玩等誘惑影響，把注意力集中在工作上的人，在事業上做出成果的可能性較高；然而輸給誘惑的人，則是一直都交不出結果。

要是有必須完成的工作，不論什麼時候都能激勵自己面對工作的人，相信能在工作上做出成果；相反的，總是沒有幹勁、隨便應付、偷懶的人，則很難在工作上交出漂亮的成績單。

另外，若被客戶或主管找碴時，能以「這世上就是有各式各樣的人」、「他可能遇到不好的事，所以很生氣」等想法，輕鬆的應付過去、不放在心上，就不容易搞砸工作上的人際關係；而無法控制情緒，任由情感脫口而出「好火大」、「無法原諒」等蠻橫無理的人，則可能將好不容易建立的信賴關係毀於一旦。

或許你會想，現在也不可能回到幼兒時期鍛鍊自我控制能力，講這麼多也無濟於事。但不只限於幼兒時期，曾有研究以國中生為對象，發現他們提高自我控制能力的同時，學業成績也大幅提升。至於以成年人為對象的研究，因為較難實施，所以目前找不到相關資訊。不過從前述的角度來看，**即使成年了，鍛鍊非認知能力也能讓工作能力變強**。

由此可以推測，想提升工作能力，除了智力，還必須鍛鍊控制情緒等非認知能力。

國家圖書館出版品預行編目（CIP）資料

當部屬無法依指令做事：很努力卻沒照你說的執行、重複同樣的錯、忘東忘西、把建議當惡意、被客戶牽著走……一步驟消除主管帶人困擾。／榎本博明著；蔡惠佳譯.
-- 初版. -- 臺北市：任性出版有限公司，2025.02
224 面；14.8×21 公分. --（issue；083）
譯自：「指示通り」ができない人たち
ISBN 978-626-7505-37-3（平裝）

1. CST：企業領導　2. CST：組織管理
3. CST：職場成功法

494.2　113017328

issue 083

當部屬無法依指令做事

很努力卻沒照你說的執行、重複同樣的錯、忘東忘西、把建議當惡意、被客戶牽著走……一步驟消除主管帶人困擾。

作　　者／榎本博明
譯　　者／蔡惠佳
校對編輯／張庭嘉
副 主 編／馬祥芬
副總編輯／顏惠君
總 編 輯／吳依瑋
發 行 人／徐仲秋
會計部｜主辦會計／許鳳雪、助理／李秀娟
版權部｜經理／郝麗珍、主任／劉宗德
行銷業務部｜業務經理／留婉茹、專員／馬絮盈、助理／連玉
行銷企劃／黃于晴、美術設計／林祐豐
行銷、業務與網路書店總監／林裕安
總 經 理／陳絜吾

出 版 者／任性出版有限公司
營運統籌／大是文化有限公司
臺北市 100 衡陽路 7 號 8 樓
編輯部電話：（02）23757911
購書相關諮詢請洽：（02）23757911 分機 122
24 小時讀者服務傳真：（02）23756999
讀者服務 E-mail：dscsms28@gmail.com
郵政劃撥帳號：19983366　戶名：大是文化有限公司

香港發行／豐達出版發行有限公司　Rich Publishing & Distribution Ltd
地址：香港柴灣永泰道 70 號柴灣工業城第 2 期 1805 室
Unit 1805, Ph.2, Chai Wan Ind City, 70 Wing Tai Rd, Chai Wan, Hong Kong
電話：21726513　傳真：21724355　E-mail：cary@subseasy.com.hk

封面設計／林雯瑛　內頁排版／吳思融
印　　刷／韋懋實業有限公司
出版日期／2025 年 2 月初版
定　　價／新臺幣 399 元（缺頁或裝訂錯誤的書，請寄回更換）
ISBN／978-626-7505-37-3
電子書 ISBN／9786267505342（PDF）
9786267505359（EPUB）
